中文版
# Dreamweaver 2020
# 基础培训教程

数字艺术教育研究室 编著

人民邮电出版社

北 京

**图书在版编目（ＣＩＰ）数据**

中文版Dreamweaver 2020基础培训教程 / 数字艺术
教育研究室编著. -- 北京 ：人民邮电出版社，2022.8
ISBN 978-7-115-58493-9

Ⅰ. ①中… Ⅱ. ①数… Ⅲ. ①网页制作工具 Ⅳ.
①TP393.092

中国版本图书馆CIP数据核字(2022)第018336号

## 内 容 提 要

本书全面、系统地介绍 Dreamweaver 2020 的基本操作方法和网页的制作技巧，包括 Dreamweaver 建站的基础知识、文本、多媒体、超链接、表格、ASP、CSS 样式、模板和库、表单、行为、网页代码、商业案例实训等内容。

全书共 12 章。第 1 章介绍了 Dreamweaver 2020 的工作界面及站点创建与管理。第 2～11 章以课堂案例为主线解析软件功能，可以帮助读者快速上手，熟悉软件功能和网页设计思路；课堂练习和课后习题可以提高读者的实际应用能力，使读者熟练掌握软件的使用技巧。第 12 章为商业案例实训，可以帮助读者掌握商业网页的设计理念和设计方法，使读者顺利达到实战水平。

本书适合作为院校相关专业课程和培训机构的教材，也可作为 Dreamweaver 自学人士的参考用书。

◆ 编　　著　　数字艺术教育研究室
责任编辑　　张丹丹
责任印制　　马振武

◆ 人民邮电出版社出版发行　　北京市丰台区成寿寺路 11 号
邮编　100164　　电子邮件　315@ptpress.com.cn
网址　http://www.ptpress.com.cn
三河市兴达印务有限公司印刷

◆ 开本：787×1092　1/16
印张：16　　　　　　　　　　2022 年 8 月第 1 版
字数：408 千字　　　　　　　2022 年 8 月河北第 1 次印刷

定价：59.90 元

读者服务热线：(010)81055410　印装质量热线：(010)81055316
反盗版热线：(010)81055315
广告经营许可证：京东市监广登字 20170147 号

# 前　言

## 软件简介

　　Dreamweaver是由Adobe公司开发的网页设计与制作软件，是集网页设计制作、代码编辑开发、网站创建与管理于一体的网页编辑器，深受网页设计师和网页制作爱好者的喜爱。本书所有案例均使用Dreamweaver 2020版本制作。

## 如何使用本书

**01**　　精选基础知识，快速上手 Dreamweaver 2020

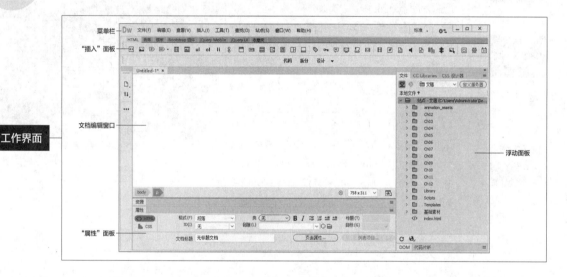

文本 + 多媒体 + 超链接 + 表格 +CSS 样式 + 表单　六大核心功能

# 3.1 图像

建立网站的目的就是要让更多的浏览者浏览站点，网站设计者必须想办法去吸引浏览者的注意，所以网页除了包含文字外，还要包含各种赏心悦目的图像。因此，对于网站设计者而言，掌握图像的使用技巧是非常有必要的。

精选典型商业案例

## 3.1.1 课堂案例——环球旅游网页

了解目标和要点

案例学习目标 使用"插入"面板插入图像。

案例知识要点 使用"Image"按钮插入图像；使用"CSS设计器"命令控制图像的右外边距，如图3-1所示。

效果所在位置 学习资源\Ch03\效果\环球旅游网页\index.html。

案例步骤详解

**01** 选择"文件 > 打开"命令，在弹出的"打开"对话框中，选择本书学习资源中的"Ch03\素材\环球旅游网页\index.html"文件，单击"打开"按钮打开文件，如图3-2所示。将光标置入图3-3所示的单元格中。

图3-1

## 3.1.3 插入图像

完成案例后，深入学习软件功能和使用技巧

要在Dreamweaver 2020文档编辑窗口中插入的图像必须位于当前站点文件夹内或远程站点文件夹内，否则图像不能正确显示。所以在建立站点时，网站设计者通常先创建一个名叫"image"的文件夹，并将需要的图像复制到其中。

在网页中插入图像的具体操作步骤如下。

（1）在文档编辑窗口中，将光标置入要插入图像的位置。

（2）通过以下几种方法使用"Image"命令，弹出"选择图像源文件"对话框，如图3-13所示。

① 选择"插入"面板中的"HTML"选项卡，单击"Image"按钮 ▣。

② 选择"插入 > Image"命令。

③ 按Ctrl+Alt+I组合键。

（3）在对话框中选择图像文件，单击"确定"按钮，完成设置。

图3-13

更多商业案例

# 课堂练习——纸杯蛋糕网页

**练习知识要点** 使用"Image"按钮插入装饰图像，如图3-37所示。

**素材所在位置** 学习资源\Ch03\素材\纸杯蛋糕网页\index.html。

**效果所在位置** 学习资源\Ch03\效果\纸杯蛋糕网页\index.html。

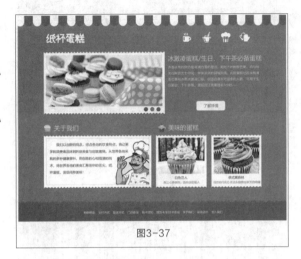

图3-37

巩固本章所学知识

# 课后习题——物流运输网页

**习题知识要点** 使用"Flash SWF"按钮为网页文档插入Flash动画效果，使用"属性"面板设置动画背景，如图3-38所示。

**素材所在位置** 学习资源\Ch03\素材\物流运输网页\index.html。

**效果所在位置** 学习资源\Ch03\效果\物流运输网页\index.html。

图3-38

**文本**

**多媒体**

**超链接**

**表格**

**CSS 样式**

**表单**

## 教学指导

本书的参考学时为68学时，其中讲授环节为42学时，实训环节为26学时，各章的参考学时可以参见下表。

| 章序 | 课程内容 | 学时分配 | |
|---|---|---|---|
| | | 讲授 | 实训 |
| 第 1 章 | 初识 Dreamweaver 2020 | 2 | 1 |
| 第 2 章 | 文本 | 2 | 1 |
| 第 3 章 | 多媒体 | 2 | 2 |
| 第 4 章 | 超链接 | 2 | 2 |
| 第 5 章 | 表格 | 3 | 2 |
| 第 6 章 | ASP | 3 | 1 |
| 第 7 章 | CSS 样式 | 6 | 3 |
| 第 8 章 | 模板和库 | 4 | 1 |
| 第 9 章 | 表单 | 6 | 3 |
| 第 10 章 | 行为 | 4 | 2 |
| 第 11 章 | 网页代码 | 2 | 2 |
| 第 12 章 | 商业案例实训 | 6 | 6 |
| 学时总计 | | 42 | 26 |

## 配套资源

● **学习资源**

案例素材文件　　最终效果文件　　在线教学视频

● **教师资源**

教学大纲　　授课计划　　电子教案　　教学 PPT 课件

教学案例　　实训项目　　教学视频　　教学题库

以上学习资源文件均可在线获取，扫描"资源获取"二维码，关注"数艺设"的微信公众号，即可得到资源文件获取方式，并且可以通过该方式获得在线教学视频的观看地址。如需资源获取技术支持，请致函szys@ptpress.com.cn。

资源获取

## 教辅资源表

| 素材类型 | 数量 | 素材类型 | 数量 |
|---|---|---|---|
| 教学大纲 | 1 套 | 课堂案例 | 33 个 |
| 电子教案 | 12 单元 | 课堂练习 | 18 个 |
| PPT 课件 | 12 个 | 课后习题 | 18 个 |

## 与我们联系

本书由"数艺设"出品，"数艺设"社区平台（www.shuyishe.com）为您提供后续服务。我们的联系邮箱是szys@ptpress.com.cn。如果您对本书有任何疑问或建议，请您发邮件给我们，并请在邮件标题中注明本书书名及ISBN，以便我们更高效地做出反馈。

如果您有兴趣出版图书、录制教学课程，或者参与技术审校等工作，可以发邮件给我们。如果学校、培训机构或企业想批量购买本书或"数艺设"出版的其他图书，也可以发邮件联系我们。

如果您在网上发现针对"数艺设"出品图书的各种形式的盗版行为，包括对图书全部或部分内容的非授权传播，请您将怀疑有侵权行为的链接通过邮件发给我们。您的这一举动是对作者权益的保护，也是我们持续为您提供有价值的内容的动力之源。

## 关于"数艺设"

人民邮电出版社有限公司旗下品牌"数艺设"，专注于专业艺术设计类图书出版，为艺术设计从业者提供专业的图书、视频电子书、课程等教育产品。出版领域涉及平面、三维、影视、摄影与后期等数字艺术门类，字体设计、品牌设计、色彩设计等设计理论与应用门类，UI设计、电商设计、新媒体设计、游戏设计、交互设计、原型设计等互联网设计门类，环艺设计手绘、插画设计手绘、工业设计手绘等设计手绘门类。更多服务请访问"数艺设"社区平台www.shuyishe.com。我们将提供及时、准确、专业的学习服务。

# 目  录

# 第6章 ASP

# 第7章 CSS样式

# 第8章 模板和库

# 第9章 表单

# 第 1 章

## 初识 Dreamweaver 2020

### 本章介绍

网页是网站最基本的组成部分，网页之间并不是杂乱无章的，它们通过各种链接相互关联，从而描述相关的主题或实现相同的目的。本章讲述网站的建设基础，包括介绍Dreamweaver 2020的工作界面、创建站点和网页、管理站点等。

### 学习目标

● 熟悉Dreamweaver的工作界面

● 掌握创建文件夹、定义新站点、创建和保存网页的方法

● 掌握站点的打开、编辑、复制、删除、导出和导入方法

### 技能目标

● 熟练掌握站点管理器的使用方法

● 熟练掌握站点的应用和编辑方法

# 1.1 Dreamweaver 2020的工作界面

Dreamweaver 2020的工作界面将多个文档集中到一个窗口中，这样不仅减少了系统资源的占用，还可以方便用户操作文档。Dreamweaver 2020的工作界面由6个部分组成，分别是菜单栏、"插入"面板、通用工具栏、文档编辑窗口、浮动面板和"属性"面板。Dreamweaver 2020的操作环境很简洁，可大大提高设计效率。

## 1.1.1 友善的开始页面

启动Dreamweaver 2020后，首先看到的就是开始页面。开始页面供用户新建文档或打开已有的文档等，如图1-1所示。

图1-1

用户如果不太习惯开始页面，可选择"编辑 > 首选项"命令，或按Ctrl+U组合键，会弹出"首选项"对话框，取消勾选"显示开始屏幕"复选框，如图1-2所示。单击"应用"按钮完成设置，单击"关闭"按钮关闭对话框。当用户再次启动Dreamweaver 2020时，将不再显示开始页面。

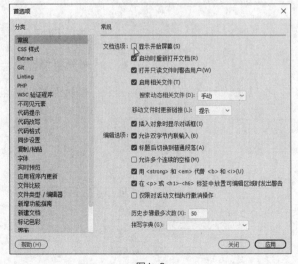

图1-2

## 1.1.2　不同风格的界面

Dreamweaver 2020的工作界面新颖、淡雅、布局紧凑，为用户提供了一个轻松的开发环境。

用户若想修改界面的风格，切换到自己熟悉的开发环境，可选择"窗口 > 工作区布局"命令，弹出子菜单，如图1-3所示，在子菜单中选择"开发人员"或"标准"命令。选择其中一种界面风格，界面布局会发生相应的改变。

图1-3

## 1.1.3　伸缩自如的功能面板

在浮动面板的右上角单击 ▸▸ 或 ◂◂ 按钮，可以隐藏或展开面板，如图1-4所示。

如果用户觉得文档编辑窗口不够大，可以将鼠标指针放在文档编辑窗口右侧与面板组的交界处，当鼠标指针呈双向箭头形状时拖曳鼠标，可调整文档编辑窗口的大小，如图1-5所示。若用户需要更大的文档编辑窗口，可以将面板隐藏。

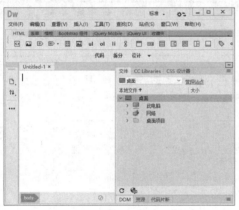

图1-4

图1-5

## 1.1.4　多文档的编辑界面

Dreamweaver 2020提供了多文档的编辑界面，方便用户在各个文档之间切换，如图1-6所示。用户可以单击文档编辑窗口上方的选项卡，切换到相应的文档。

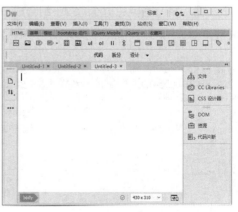

图1-6

## 1.1.5 新颖的"插入"面板

Dreamweaver 2020的"插入"面板位于菜单栏的下方，如图1-7所示。

图1-7

"插入"面板包括"HTML""表单""模板""Bootstrap 组件""jQuery Mobile""jQuery UI""收藏夹"7个选项卡，不同功能的按钮分门别类地放在不同的选项卡中。在Dreamweaver 2020中，"插入"面板可以菜单和选项卡两种形式显示。如果需要使用菜单形式，用户可用鼠标右键单击"插入"面板中的选项卡，在弹出的菜单中选择"显示为菜单"命令，如图1-8所示，更改后的效果如图1-9所示。如果需要使用选项卡形式，可单击"HTML"选项右侧的 按钮，在下拉列表中选择"显示为制表符"命令，如图1-10所示，更改后的效果如图1-7所示。

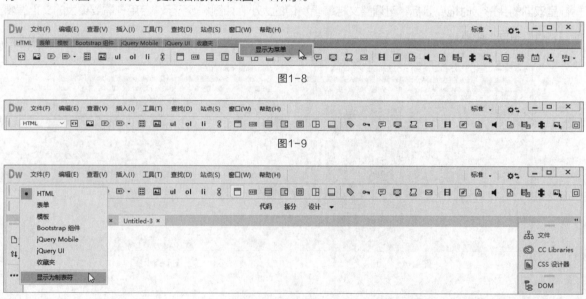

图1-8

图1-9

图1-10

"插入"面板将一些相关功能的按钮组合成一组，当按钮右侧有黑色箭头时，表示其为按钮组，如图1-11所示。

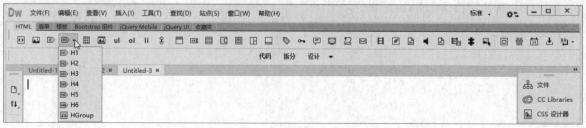

图1-11

## 1.1.6 更完整的CSS功能

传统的HTML所能提供的样式及排版功能非常有限，复杂的网页版面主要靠CSS样式来实现。而CSS的功能较多，语法比较复杂，需要用工具有条不紊地整理复杂的CSS源代码，并适时提供辅助说明。Dreamweaver 2020就提供了这样方便而有效的CSS功能。

"属性"面板提供了CSS功能，用户可以通过"属性"面板中的"目标规则"下拉列表对所选对象应用样式或编辑样式，如图1-12所示。若某些文本应用了自定义样式，当用户调整这些文本的属性时，会自动生成新的CSS样式。

图1-12

"页面属性"对话框也提供了CSS功能。单击"属性"面板中的"页面属性"按钮，弹出"页面属性"对话框，可以发现，其对外观、链接和标题提供了CSS功能，如图1-13所示。例如，在"分类"列表中选择"链接（CSS）"选项，在右侧的"下划线样式"下拉列表中设置超链接的样式，该设置会自动转化成CSS样式，如图1-14所示。

图1-13

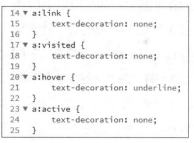

图1-14

Dreamweaver 2020提供了"CSS设计器"面板，如图1-15所示。"CSS设计器"面板使用户能够轻松查看规则的属性设置，并可快速修改嵌入当前文档或通过附加的样式表链接的CSS样式，可编辑的网格使用户可以更改显示的属性值。对选择的内容所做的更改都将立即应用，用户可以在操作的同时预览效果。

图1-15

# 1.2 创建站点和网页

所谓站点，可以看作一系列文档的集合，这些文档通过各种链接建立逻辑关联。用户在建立网页前必须要建立站点，修改网页内容时，也必须打开站点，然后修改站点内的网页。在 Dreamweaver 2020中，"站点"一词是下列任意一项的简称。

Web 站点：从访问者的角度来看，Web 站点是一组位于服务器上的网页，使用 Web 浏览器访问该站点的访问者可以对其进行浏览。

远程站点：从创作者的角度来看，远程站点是远程站点服务器上组成 Web 站点的文件。

本地站点：与远程站点上的文件对应的本地磁盘上的文件，通常先在本地磁盘上编辑文件，然后将它们上传到远程站点的服务器上。

Dreamweaver 2020中的站点是指本地站点的一组可定义特性，以及有关本地站点和远程站点对应方式的信息。

在做任何工作之前都应该制订工作计划并画出工作流程图，建立站点也是如此。在动手建立站点之前，需要先调查研究，记录客户所需的服务，然后据此规划出网站的功能结构图（即设计草图）及其设计风格，以体现站点的主题。另外，还要规划站点导航系统，避免访问者在网页上迷失方向，找不到要浏览的内容。

## 1.2.1 站点管理器

站点管理器的主要功能包括新建站点、编辑站点、复制站点、删除站点，以及导出和导入站点。若要管理站点，必须打开"管理站点"对话框。

打开"管理站点"对话框有以下几种方法。

（1）选择"站点 > 管理站点"命令。

（2）选择"窗口 > 文件"命令，弹出"文件"面板，如图1-16所示。在"桌面"下拉列表中选择"管理站点"命令，如图1-17所示，或单击"管理站点"链接，弹出"管理站点"对话框，如图1-18所示。

在"管理站点"对话框中，通过"新建站点"按钮、"编辑当前选定的站点"按钮、"复制当前选定的站点"按钮和"删除当前选定的站点"按钮，可以新建一个站点，修改选择的站点，复制选择的站点，删除选择的站点。通过对话框中的"导出当前选定的站点"按钮和"导入站点"按钮，可以将站点导出为XML文件，然后将其导入 Dreamweaver 2020。这样，用户就可以在不同的计算机和软件版本之间移动站点，或者与其他用户共享站点。

在"管理站点"对话框中选择一个具体的站点，然后单击"完成"按钮，"文件"面板中就会出现站点管理器的缩略图。

图1-16

图1-17

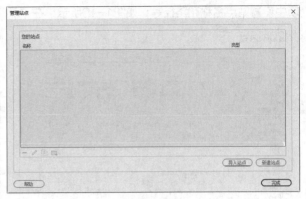

图1-18

## 1.2.2　创建文件夹

建立站点前，要先在站点管理器中规划站点文件夹。

新建文件夹的具体操作步骤如下。

（1）在"管理站点"对话框中选择站点。

（2）通过以下几种方法新建文件夹。

① 单击"文件"面板右上角的▤按钮，在弹出的菜单中选择"文件 > 新建文件夹"命令。

② 用鼠标右键单击站点，在弹出的菜单中选择"新建文件夹"命令。

（3）输入新文件夹的名称。

一般情况下，若站点不复杂，可直接将网页存放在站点根目录下，并在站点根目录中按照资源的种类建立不同的文件夹来存放不同的资源。例如，image文件夹存放站点中的图像文件，media文件夹存放站点中的多媒体文件等。若站点复杂，需要根据实现不同功能的板块，在站点根目录中按板块创建子文件夹存放不同的网页，这样可以方便设计者修改网站。

## 1.2.3　定义新站点

建立好站点文件夹后，就可以定义新站点了。在Dreamweaver 2020中，站点通常包含两部分，即本地站点和远程站点。本地站点是本地计算机上的一组文件，远程站点是远程 Web 服务器上的一个位置。用户将本地站点中的文件发布到服务器上的远程站点后，公众便可以访问它们。在Dreamweaver 2020中创建 Web 站点时，通常先在本地磁盘上创建本地站点，再创建远程站点，然后将这些网页的副本上传到一个远程 Web 服务器上，使公众可以访问它们。本小节只介绍如何创建本地站点。

### 1. 创建本地站点的步骤

（1）选择"站点 > 管理站点"命令，弹出"管理站点"对话框。

（2）在对话框中单击"新建站点"按钮，弹出"站点设置对象 未命名站点2"对话框，在"站点"选项中设置站点名称和路径等，如图1-19所示；在"高级设置"选项中根据需要设置站点的各项参数，如图1-20所示。

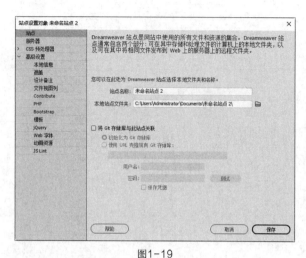

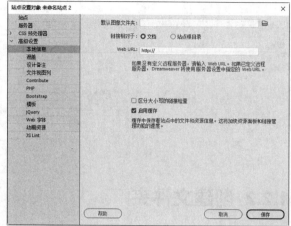

图1-19　　　　　　　　　　　　　　　　　　　图1-20

### 2.　本地信息设置

"默认图像文件夹"选项：在该文本框中输入此站点默认图像文件夹的路径，或者单击"浏览文件夹"按钮，可以在弹出的"选择图像文件夹"对话框中定位文件夹。在网页编辑中，将非站点图像添加到网页中时，图像会自动添加到当前站点的默认图像文件夹中。

"链接相对于"选项组：选择"文档"选项，表示使用文档相对路径来建立链接；选择"站点根目录"选项，表示使用站点根目录相对路径来建立链接。

"Web URL"选项：在文本框中输入站点将使用的URL。

"区分大小写的链接检查"选项：勾选此复选框，将检查链接的大小写与文件名的大小写是否相匹配。此选项用于文件名区分大小写的UNIX系统。

"启用缓存"选项：指定是否创建本地缓存。若勾选此复选框，则创建本地缓存，以提高链接和站点管理的速度。

## 1.2.4　创建和保存网页

创建站点后，用户需要创建网页来组织要展示的内容。合理的网页名称非常重要，一般网页文件的名称应容易理解，能反映网页的内容。

网站中有一个特殊的网页——首页，每个网站都必须有一个首页。访问者在浏览器的地址栏中输入网站地址打开的网页即网站首页，如输入"www.ptpress.com.cn"会打开人民邮电出版社网站的首页。一般情况下，首页的文件名为index.htm、index.html、index.asp、default.asp、default.htm或default.html。

在标准的Dreamweaver 2020环境下，创建和保存网页的操作步骤如下。

（1）选择"文件 > 新建"命令，或按Ctrl+N组合键，弹出"新建文档"对话框，选择"新建文档"选

项，在"文档类型"列表中选择"HTML"选项，在"框架"选项组中选择"无"选项卡，选项的设置如图
1-21所示。

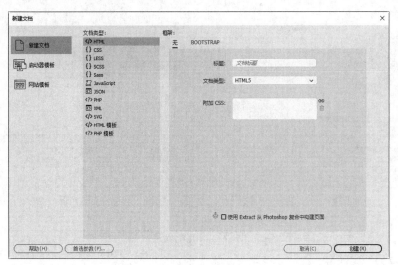

图1-21

（2）设置完成后，单击"创建"按钮，即可创建网页文档并弹出文档编辑窗口。可根据需要，在文档
窗口中选择不同的视图设计网页，如图1-22所示。

文档窗口有3种视图，这3种视图的作用如下。

"代码"视图：可在"代码"视图中查看、修改和编写网页代码，以实现特殊的网页效果，如图1-23
所示。

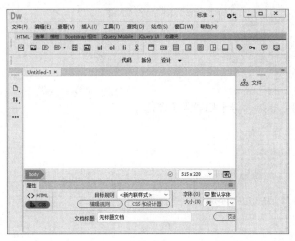

图1-22

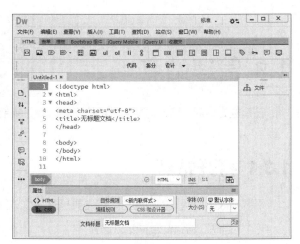

图1-23

"设计"视图：以"所见即所得"的方式显示所有网页元素，如图1-24所示。

"拆分"视图：将文档编辑窗口分为上下两个窗格，上方是设计窗格，显示网页元素及其在页面中的布
局；下方是代码窗格，显示代码。在此视图中，用户可在设计窗格中单击网页元素，快速定位到其对应的代
码，以便进行代码的修改。"拆分"视图的效果如图1-25所示。

图1-24

图1-25

（3）网页设计完成后，选择"文件 > 保存"命令，弹出"另存为"对话框。在"文件名"文本框中输入网页的名称，如图1-26所示，单击"保存"按钮，将该文档保存在站点文件夹中。

图1-26

# 1.3 管理站点

在建立站点后，可以对站点进行打开、编辑、复制、删除、导出和导入等操作。

## 1.3.1 打开站点

当要修改某个网站的内容时，首先要打开站点。打开站点的具体操作步骤如下。

（1）启动Dreamweaver 2020。

（2）选择"窗口 > 文件"命令，或按F8键，弹出"文件"面板，在其中选择要打开的站点名称，即可打开站点，如图1-27和图1-28所示。

图1-27　　　　　　　　　　　图1-28

## 1.3.2　编辑站点

有时需要修改站点的一些设置，例如，修改站点的默认图像文件夹的路径，具体操作步骤如下。

（1）选择"站点 > 管理站点"命令，弹出"管理站点"对话框。

（2）在对话框中选择要编辑的站点名称，单击"编辑当前选定的站点"按钮 🖉，在弹出的对话框中选择"高级设置"选项，此时可根据需要进行修改，如图1-29所示。单击"保存"按钮完成设置，回到"管理站点"对话框。

（3）如果不需要修改其他站点，可单击"完成"按钮，关闭"管理站点"对话框。

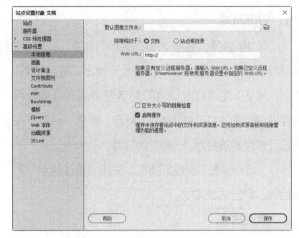

图1-29

## 1.3.3　复制站点

复制站点可省去重复建立多个结构相同站点的操作步骤，从而提高工作效率。在"管理站点"对话框中可以复制站点，具体操作步骤如下。

（1）在"管理站点"对话框"您的站点"列表中选择要复制的站点名称，如"文稿"，然后在左下方的按钮组中单击"复制当前选定的站点"按钮 🖫 进行复制。

（2）双击新复制的站点，弹出"站点设置对象 文稿 复制"对话框，在"站点名称"文本框中可以更改站点的名称。

## 1.3.4　删除站点

删除站点只是删除Dreamweaver 2020同本地站点间的联系，而本地站点包含的文件和文件夹仍然保存在磁盘原来的位置上。换句话说，删除站点后，虽然Dreamweaver 2020中已经不存在此站点，但站点文件夹仍保存在计算机中。

在"管理站点"对话框中删除站点的具体操作步骤如下。

（1）在"管理站点"对话框"您的站点"列表中选择要删除的站点。

（2）单击"删除当前选定的站点"按钮 ▬ 即可删除选择的站点。

## 1.3.5 导出和导入站点

如果要在计算机之间移动站点，或者与其他用户共同设计站点，可通过 Dreamweaver 2020的导出和导入站点功能实现。导出站点功能是将站点导出为.ste格式文件，然后可以在其他计算机上将其导入 Dreamweaver 2020中。

### 1. 导出站点

（1）选择"站点 > 管理站点"命令，弹出"管理站点"对话框。在对话框中选择要导出的站点，单击"导出当前选定的站点"按钮 🔜，弹出"导出站点"对话框。

（2）在"导出站点"对话框中浏览并选择保存该站点的路径，如图1-30所示，单击"保存"按钮，保存扩展名为".ste"的文件。

（3）单击"完成"按钮，关闭"管理站点"对话框，导出站点完成。

### 2. 导入站点

（1）选择"站点 > 管理站点"命令，弹出"管理站点"对话框。

（2）在"管理站点"对话框中单击"导入站点"按钮，弹出"导入站点"对话框，浏览并选择要导入的站点，如图1-31所示，单击"打开"按钮，站点即被导入，如图1-32所示。

图1-30

图1-31

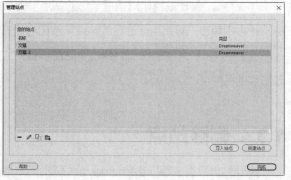

图1-32

（3）单击"完成"按钮，关闭"管理站点"对话框，导入站点完成。

# 第 2 章

## 文本

**本章介绍**

无论网页内容有多丰富，文本自始至终都是网页中的基本元素。文本携带的信息量大，输入、编辑起来也比较方便，并且生成的文件小，容易被浏览器下载。通过对本章的学习，读者可以掌握文本的编辑方法。

**学习目标**

● 掌握文本及连续空格的输入方法

● 掌握页边距、网页的标题、网页默认格式的设置方法

● 掌握文本的大小、颜色、字体、对齐方式和段落样式的设置方法

● 掌握项目符号或编号、文本缩进、日期、特殊字符和换行符的使用方法

● 掌握水平线、网格和标尺的应用方法

**技能目标**

● 掌握青山别墅网页的制作方法

● 掌握国画展览馆网页的制作方法

● 掌握电器城网页的制作方法

● 掌握休闲度假村网页的制作方法

# 2.1 输入并编辑文本

文本是网页中最基本的元素之一，它不仅能准确表达网页设计者的想法，还具有信息量大、输入和修改方便、生成文件小、易于下载等特点。因此，对于网站设计者而言，掌握文本的使用方法非常重要。但是与图像及其他网页元素相比，文本很难激发浏览者的阅读兴趣，所以在制作网页时，除了要在文本的内容上多下功夫外，排版也非常重要。在文档中灵活运用丰富的字体、多种段落格式，以及赏心悦目的文本效果，对于一个专业的网站设计者而言是一项必不可少的技能。

## 2.1.1 课堂案例——青山别墅网页

**案例学习目标** 使用"文件"命令设置页面外观、网页标题等效果，使用"编辑"命令设置允许多个连续空格。

**案例知识要点** 使用"页面属性"命令设置页面外观、网页标题等效果，使用"首选项"命令设置允许多个连续空格，在文档编辑窗口中输入导航文字，如图2-1所示。

**效果所在位置** 学习资源\Ch02\效果\青山别墅网页.html。

图2-1

### 1. 设置页面属性

**01** 选择"文件 > 打开"命令，在弹出的"打开"对话框中选择本书学习资源中的"Ch02\素材\青山别墅网页\index.html"文件，单击"打开"按钮打开文件，如图2-2所示。

图2-2

**02** 选择"文件 > 页面属性"命令，弹出"页面属性"对话框，如图2-3所示。在左侧的"分类"列表中选择"外观（CSS）"选项，在对话框的右侧将"大小"设置为12，"文本颜色"设置为白色（#FFFFFF），"左边距""右边距""上边距""下边距"均设置为0，如图2-4所示。

图2-3

图2-4

**03** 在左侧的"分类"列表中选择"标题/编码"选项，在右侧的"标题"文本框中输入"青山别墅网页"，如图2-5所示。单击"确定"按钮，完成页面属性的修改，效果如图2-6所示。

图2-5

图2-6

## 2. 输入空格和文本

**01** 选择"编辑 > 首选项"命令，打开"首选项"对话框，在左侧的"分类"列表中选择"常规"选项，在右侧的"编辑选项"选项组中勾选"允许多个连续的空格"复选框，如图2-7所示。单击"应用"按钮，再单击"关闭"按钮。

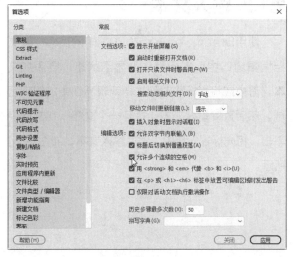

图2-7

**02** 将光标置入图2-8所示的单元格中，输入文字"首页"，如图2-9所示。

图2-8　　　　　　　　　　　　　　　　　　图2-9

**03** 按6次Space键，输入连续的空格，如图2-10所示，然后在光标所在的位置输入文字"关于我们"，如图2-11所示。用相同的方法输入其他文本，如图2-12所示。

图2-10　　　　　　　图2-11　　　　　　　　　　　图2-12

**04** 保存文档，按F12键预览效果，如图2-13所示。

图2-13

## 2.1.2 输入文本

　　使用Dreamweaver 2020编辑网页时，在文档编辑窗口中，光标默认为显示状态。要添加文本，首先应将光标移动到文档编辑窗口中的编辑区域，然后直接输入文本。打开一个文档，在文档中单击，将光标置入其中，然后输入文本，如图2-14所示。

图2-14

**提示**　除了直接输入文本外，也可复制其他文档中的文本后粘贴到当前的文档中。需要注意的是，粘贴文本到Dreamweaver 2020的文档编辑窗口中时，该文本不会保持原有的格式，但是会保留原来文本中的段落格式。

## 2.1.3　设置文本属性

利用文本属性可以方便地修改所选文本的字体、字号、样式、对齐方式等，以获得想要的效果。

选择"窗口 > 属性"命令，或按Ctrl+F3组合键，弹出"属性"面板，在"HTML"和"CSS"属性面板中都可以设置文本的属性，如图2-15和图2-16所示。

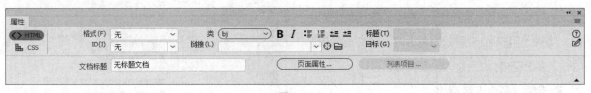

图2-15

图2-16

"属性"面板中常用选项的含义如下。

"格式"选项：设置所选文本的段落样式，例如，使段落应用"标题1"的段落样式。

"ID"选项：为所选元素设置ID名称。

"类"选项：为所选元素添加CSS样式。

"链接"选项：为所选元素添加超链接效果。

"目标规则"选项：设置已定义的或引用的CSS样式为文本的样式。

"字体"选项：设置文本的字体组合。

"大小"选项：设置文本的大小。

"颜色"按钮▢：设置文本的颜色。

"粗体"按钮**B**、"斜体"按钮 *I*：设置文字格式。

"左对齐"按钮▤、"居中对齐"按钮▤、"右对齐"按钮▤、"两端对齐"按钮▤：设置段落在网页中的对齐方式。

"无序列表"按钮▤、"编号列表"按钮▤：设置段落的项目符号或编号。

"删除内缩区块"按钮▤、"内缩区块"按钮▤：删除或增加文本右缩进的距离。

## 2.1.4 输入连续的空格

在默认状态下，Dreamweaver 2020只允许网站设计者输入一个空格，要输入多个连续空格，则需要进行设置或通过特定操作才能实现。

**1. 设置"首选项"对话框**

（1）选择"编辑 > 首选项"命令，或按Ctrl+U组合键，弹出"首选项"对话框。

（2）在左侧的"分类"列表中选择"常规"选项，在右侧的"编辑选项"选项组中勾选"允许多个连续的空格"复选框，如图2-17所示，单击"应用"按钮完成设置，再单击"关闭"按钮关闭对话框。此时，用户可连续按Space键，在文档编辑区内输入多个空格。

**2. 直接插入多个连续空格**

要在Dreamweaver 2020中插入多个连续空格，有以下几种方法。

① 选择"插入"面板中的"HTML"选项卡，单击"不换行空格"按钮。

② 选择"插入 > HTML > 不换行空格"命令，或按Ctrl+Shift+Space组合键。

③ 将输入法转换到中文的全角状态。

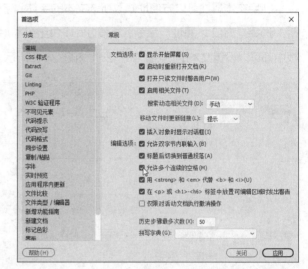

图2-17

## 2.1.5 设置是否显示不可见元素

在网页的"设计"视图中，有一些元素仅用来标记该元素的位置，这些元素在浏览器中是不可见的。例如，脚本图标用来标记文档正文中的 JavaScript 或 VBScript 代码的位置，换行符图标用来标记每个换行符 <br> 的位置等。在设计网页时，为了快速找到这些不可见元素的位置，常需要改变这些元素在"设计"视图中的可见性。

显示或隐藏某些不可见元素的具体操作步骤如下。

（1）选择"编辑 > 首选项"命令，弹出"首选项"对话框。

（2）在左侧的"分类"列表中选择"不可见元素"选项，根据需要勾选或取消勾选右侧的多个复选框，以实现不可见元素的显示或隐藏，如图2-18所示，单击"应用"按钮完成设置，再单击"关闭"按钮关闭对话框。

常用的不可见元素包括命名锚记、脚本、换行符、AP元素的锚点和表单隐藏区域，一般将它们设置为可见。

细心的网页设计者会发现，虽然在"首选项"对话框中设置某些不可见元素为显示状态，但在网页的"设计"视图中依然看不见这些不可见元素。为了解决这个问题，必须选择"查看 > 设计视图选项 > 可视化助理 > 不可见元素"命令，使这些不可见元素在"设计"视图中可见，效果如图2-19所示。

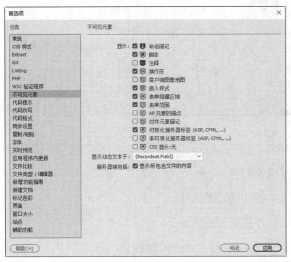

图2-18

图2-19

**提示**　在网页中添加换行符时，不能只按Enter键，而要按Shift+Enter组合键。

## 2.1.6　设置页边距

按照文章的书写规则，正文与纸的边缘需要留有一定的距离，这个距离叫页边距。网页设计也是如此，在默认状态下，文档的上、下、左、右边距均不为0。

修改页边距的具体操作步骤如下。

（1）选择"文件 > 页面属性"命令，弹出"页面属性"对话框，如图2-20所示。

图2-20

**提示** 在"页面属性"对话框左侧的"分类"列表中选择"外观（HTML）"选项，如图2-21所示，"页面属性"对话框提供的参数将发生改变。

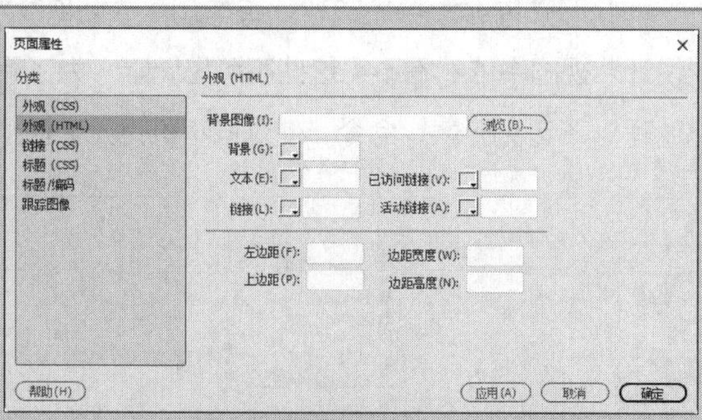

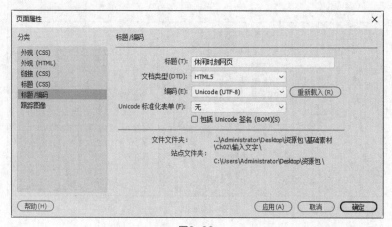

图2-21

（2）根据需要在"页面属性"对话框的"左边距""右边距""上边距""下边距""边距宽度""边距高度"数值框中输入相应的数值。这些选项的含义如下。

"左边距""右边距"选项：指定网页内容浏览器左、右页边距的大小。

"上边距""下边距"选项：指定网页内容浏览器上、下页边距的大小。

"边距宽度"选项：指定网页左、右页边距的大小，只适用于Navigator浏览器。

"边距高度"选项：指定网页上、下页边距的大小，只适用于Navigator浏览器。

## 2.1.7 设置网页的标题

HTML页面的标题可以帮助站点浏览者了解所查看网页的内容，并在浏览者的历史记录和书签列表中标记页面。文档的文件名是通过"保存"命令保存的网页文件名称，而页面标题是浏览者在浏览网页时浏览器标题栏中显示的信息。

更改页面标题的具体操作步骤如下。

（1）选择"文件 > 页面属性"命令，弹出"页面属性"对话框。

（2）在左侧的"分类"列表中选择"标题/编码"选项，在右侧的"标题"文本框中输入页面标题，如图2-22所示，单击"确定"按钮完成设置。

图2-22

## 2.1.8 设置网页的默认格式

在制作新网页时，页面会有一些默认的属性，如网页的标题、页边界、编码、文本颜色和链接的颜色等。若需要修改网页的页面属性，可选择"文件 > 页面属性"命令，弹出"页面属性"对话框，如图2-23所示。

图2-23

"页面属性"对话框中各选项的作用如下。

"外观（CSS）""外观（HTML）"选项：设置网页的背景颜色、背景图像，网页文本的字体、字号、颜色和页边界。

"链接（CSS）"选项：设置链接文字的格式。

"标题（CSS）"选项：为标题1至标题6指定标题标签的字体大小和颜色。

"标题/编码"选项：设置网页的标题和文字编码，一般情况下将网页的文字编码设置为简体中文GB2312。

"跟踪图像"选项：一般在复制网页时，若想将原网页的图像作为复制网页的参考图像，可使用跟踪图像的方式实现；跟踪图像仅作为复制网页的设计参考图像，在浏览器中并不显示出来。

## 2.1.9 课堂案例——国画展览馆网页

**案例学习目标** 使用"属性"面板改变网页中的元素，使网页变得更加美观。

**案例知识要点** 使用"属性"面板设置文字大小、颜色及字体，如图2-24所示。

**效果所在位置** 学习资源\Ch02\效果\国画展览馆网页\index.html。

图2-24

### 1. 添加字体

**01** 选择"文件 > 打开"命令，在弹出的"打开"对话框中，选择本书学习资源中的"Ch02\素材\国画展览馆网页\index.html"文件，单击"打开"按钮打开文件，如图2-25所示。

**02** 在"属性"面板的"字体"下拉列表中选择"管理字体"选项，如图2-26所示。

图2-25　　　　　　　　　　　　　　　　　　　图2-26

**03** 在弹出的"管理字体"对话框中单击"自定义字体堆栈"选项卡，在"可用字体"列表中选择"方正黄草简体"字体，如图2-27所示。单击 `<<` 按钮，将选中的字体添加到"字体列表"中，如图2-28所示，单击"完成"按钮，完成设置。

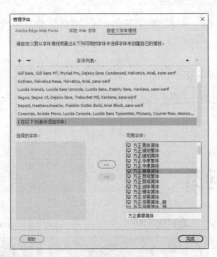

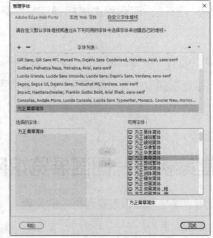

图2-27　　　　　　　　　　　　　　　　　　　图2-28

## 2. 改变文字外观

**01** 选中文本"关于我们"，如图2-29所示。在"属性"面板的"目标规则"下拉列表中选择"<内联样式>"选项，将"字体"设置为"方正黄草简体"，"大小"设置为39px，"color"设置为黄色（#FFDE00），如图2-30所示，效果如图2-31所示。

图2-29　　　　　　　　　　　图2-30　　　　　　　　　　　图2-31

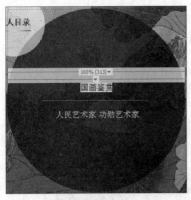

**02** 选中文本"国画鉴赏",如图2-32所示。在"属性"面板的"目标规则"下拉列表中选择"<内联样式>"选项,将"字体"设置为"方正黄草简体","大小"设置为39px,"color"设置为绿色(#00E93C),如图2-33所示,效果如图2-34所示。

**03** 保存文档,按F12键预览效果,如图2-35所示。

图2-32

图2-33

图2-34

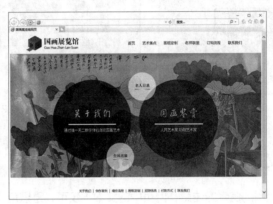

图2-35

## 2.1.10 改变文本的大小

Dreamweaver 2020提供了两种改变文本大小的方法:一种是设置文本的默认大小,另一种是设置选中文本的大小。

### 1. 设置文本的默认大小

(1)选择"文件 > 页面属性"命令,弹出"页面属性"对话框。

(2)在左侧的"分类"列表中选择"外观(CSS)"选项,在右侧的"大小"选项中根据需要设置文本的大小,如图2-36所示,单击"确定"按钮,完成设置。

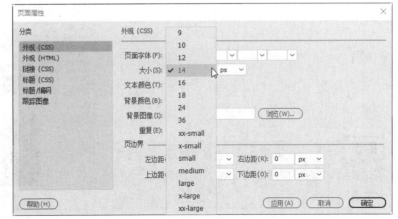

图2-36

**2. 设置选中文本的大小**

在Dreamweaver 2020中，可以通过"属性"面板设置选中文本的大小，具体操作步骤如下。

（1）在文档编辑窗口中选中文本，如图2-37所示。

（2）在"属性"面板的"大小"下拉列表中根据需要进行设置，如图2-38所示。

图2-37

图2-38

## 2.1.11 改变文本的颜色

丰富的色彩可以吸引浏览者的注意，网页中的文本不仅可以是黑色，还可以是其他颜色。颜色的种类与用户显示器的分辨率和设置的色值有关，设计网页时通常在216种网页安全色中选择文本的颜色。

Dreamweaver 2020提供了两种改变文本颜色的方法。

**1. 设置文本的默认颜色**

（1）选择"文件 > 页面属性"命令，弹出"页面属性"对话框。

（2）在左侧的"分类"列表中选择"外观（CSS）"选项，在右侧的"文本颜色"选项中选择具体的文本颜色，如图2-39所示，单击"确定"按钮，完成设置。

**提示** 在"文本颜色"选项中选择文本颜色时，可以在颜色框下边的文本框中直接输入文本颜色的十六进制数值。

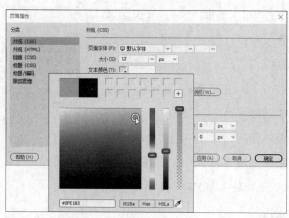

图2-39

### 2. 设置选中文本的颜色

通过"颜色"按钮设置选中文本的颜色，具体操作步骤如下。

（1）在文档编辑窗口中选中文本。

（2）单击"属性"面板中的"文本颜色"按钮，选择相应的颜色，如图2-40所示。

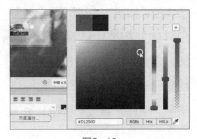

图2-40

## 2.1.12　改变文本的字体

Dreamweaver 2020提供了两种改变文本字体的方法：一种是设置文本的默认字体，另一种是设置选中文本的字体。

### 1. 设置文本的默认字体

（1）选择"文件 > 页面属性"命令，弹出"页面属性"对话框。

（2）在左侧的"分类"列表中选择"外观（CSS）"选项，在右侧打开"页面字体"的下拉列表，如果列表中有合适的字体组合，可直接选择该字体组合，如图2-41所示。否则，需选择"管理字体"选项，在弹出的"管理字体"对话框中自定义字体组合。

图2-41

（3）单击"管理字体"对话框中的"自定义字体堆栈"选项卡，在"可用字体"列表中选择需要的字体，如图2-42所示，然后单击按钮，将其添加到"字体列表"中。在"可用字体"列表中选中另一种字体，再次单击按钮，在"字体列表"中建立字体组合，如图2-43所示。

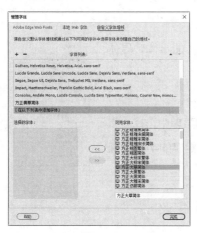

图2-42

图2-43

（4）单击按钮，新建一个字体组，如图2-44所示。在"可用字体"列表中选择需要的字体，然后单击<<按钮，将其添加到"字体列表"中，如图2-45所示，单击"完成"按钮，关闭对话框。

（5）在"页面属性"对话框的"页面字体"下拉列表中选择刚建立的字体组合，作为文本的默认字体。

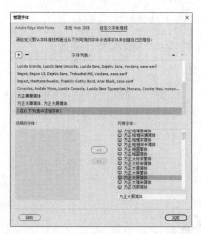

图2-44

图2-45

## 2. 设置选中文本的字体

为了将不同的文本设置为不同的字体，Dreamweaver 2020提供了两种改变选中文本字体的方法。

通过"字体"选项设置选中文本的字体，具体操作步骤如下。

（1）在文档编辑窗口中选中文本。

（2）在"属性"面板的"字体"下拉列表中选择相应的字体，如图2-46所示。

图2-46

通过"字体"命令设置选中文本的字体，具体操作步骤如下。

（1）在文档编辑窗口中选中文本。

（2）单击鼠标右键，在弹出的菜单中选择"字体"命令，在弹出的子菜单中选择相应的字体，如图2-47所示。

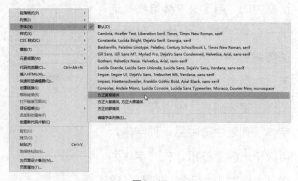

图2-47

## 2.1.13 改变文本的对齐方式

文本的对齐方式是指文本相对于文档编辑窗口或浏览器窗口在水平位置的对齐方式。对齐方式有4种，分别为左对齐、居中对齐、右对齐和两端对齐。

通过对齐按钮改变文本的对齐方式，具体操作步骤如下。

（1）将光标置入文本中，或者选择段落。

（2）在"属性"面板中单击相应的对齐按钮，如图2-48所示。

图2-48

对段落文本的对齐操作，实际上是对\<p>标签的align属性进行设置。align属性的值有3种选择，其中left表示左对齐，center表示居中对齐，right表示右对齐。例如，下面的3条语句分别设置了段落的左对齐、居中对齐和右对齐方式，效果如图2-49所示。

图2-49

```
<p align="left">文本居左</p>
<p align="center">文本居中</p>
<p align="right">文本居右</p>
```

## 2.1.14 设置文本样式

文本样式是指字符的外观显示方式，如文本加粗、文本倾斜和文本加下划线等。

### 1. 通过"样式"命令设置文本样式

（1）在文档编辑窗口中选中文本。

（2）选择"编辑 > 文本"命令，在弹出的子菜单中选择相应的样式，如图2-50所示。

（3）选择需要的样式后，即可为选中的文本设置相应的文本样式，同时被选中的菜单命令左侧会带有选中标记☑。

图2-50

> **提示** 如果想取消设置的文本样式，可以再次打开子菜单，取消对该菜单命令的选择。

### 2. 通过"属性"面板快速设置文本样式

单击"属性"面板中的"粗体"按钮 **B** 和"斜体"按钮 *I* 可快速设置文本的样式，如图2-51所示。如果要取消粗体或斜体样式，再次单击相应的按钮即可。

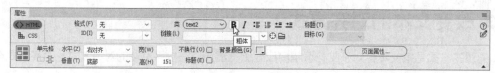

图2-51

## 3. 使用快捷键快速设置文本样式

还可以使用快捷键快速设置文本样式。例如，按Ctrl+B组合键，可以将选中的文本加粗；按Ctrl+I组合键，可以将选中的文本倾斜。

**提示** 再次按相应的快捷键，可取消文本样式。

## 2.1.15 段落文本

段落是指描述一个主题并且格式统一的一段文字。在文档编辑窗口中输入一段文字后按Enter键，这段文字就会显示在<P>…</P>标签中。

### 1. 应用段落格式

通过"格式"选项应用段落格式，具体操作步骤如下。

（1）将光标置入段落中，或者选择段落中的文本。

（2）在"属性"面板的"格式"下拉列表中选择相应的格式，如图2-52所示。

通过"段落格式"命令应用段落格式，具体操作步骤如下。

（1）将光标置入段落中，或者选择段落中的文本。

（2）选择"编辑 > 段落格式"命令，弹出子菜单，如图2-53所示，选择相应的段落格式。

图2-52

图2-53

### 2. 指定预先格式化

预先格式化标签是<pre>和</pre>。预先格式化是指用户预先对<pre>和</pre>的文本进行格式化，以便在浏览器中按真正的格式显示其中的文本。例如，用户在段落中插入多个空格，但浏览器只按一个空格处理。为这段文字指定预先格式化后，浏览器就会按用户的输入显示多个空格。

通过"格式"选项指定预先格式化，具体操作步骤如下。

（1）将光标置入段落中，或者选择段落中的文本。

（2）在"属性"面板的"格式"下拉列表中选择"预先格式化的"选项，如图2-54所示。

图2-54

通过"段落格式"命令指定预先格式化，具体操作步骤如下。

（1）将光标置入段落中，或者选择段落中的文本。

（2）选择"编辑 > 段落格式"命令，弹出子菜单，选择"已编排格式"命令。

**提示** 若想去除文字的格式，可在"格式"下拉列表中选择"无"命令。

# 2.2 项目符号和编号列表

项目符号和编号可以表示不同段落的文本之间的关系，因此，为文本设置编号或项目符号并进行适当的缩进，可以直观地表示文本间的逻辑关系。

## 2.2.1 课堂案例——电器城网页

**案例学习目标** 使用"属性"面板改变列表的样式。

**案例知识要点** 使用"属性"面板中的"编号列表"按钮创建编号，使用"CSS设计器"面板设置文本样式，如图2-55所示。

**效果所在位置** 学习资源\Ch02\效果\电器城网页\index.html。

图2-55

**01** 选择"文件 > 打开"命令，在弹出的"打开"对话框中，选择本书学习资源中的"Ch02\素材\电器城网页\index.html"文件，单击"打开"按钮打开文件，如图2-56所示。

图2-56

**02** 选中图2-57所示的文本，单击"属性"面板中的"编号列表"按钮，为文字加上编号，效果如图2-58所示。

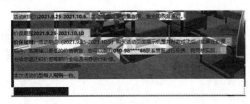

图2-57

图2 58

**03** 选择"窗口 > CSS设计器"命令，弹出"CSS设计器"面板，如图2-59所示。在"源"选项组中选择"<style>"选项，单击"选择器"选项组中的"添加选择器"按钮 **+**，在"选择器"选项组的文本框中输入".text"，按Enter键确认，效果如图2-60所示。在"属性"选项组中单击"文本"按钮 **T**，切换到文本属性，将"color"设置为红色（#dd0000），如图2-61所示。

图2-59       图2-60       图2-61

**04** 选中图2-62所示的文本，在"属性"面板的"类"下拉列表中选择"text"选项，应用样式，效果如图2-63所示。

图2-62       图2-63

**05** 用上述方法为其他文本应用样式，制作出图2-64所示的效果。保存文档，按F12键预览效果，如图2-65所示。

图2-64

图2-65

## 2.2.2 设置项目符号或编号

通过"无序列表"或"编号列表"按钮设置项目符号或编号，具体操作步骤如下。

（1）选择段落。

（2）在"属性"面板中单击"无序列表"按钮 或"编号列表"按钮 ，为文本添加项目符号或编号。为段落文字设置项目符号和编号后的效果如图2-66所示。

通过"列表命令"设置项目符号或编号，具体操作步骤如下。

（1）选择段落。

（2）选择"编辑 > 列表"命令，弹出子菜单，如图2-67所示，选择"无序列表"或"有序列表"命令。

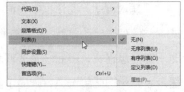

图2-66                    图2-67

## 2.2.3 修改项目符号或编号

修改项目符号或编号的具体操作步骤如下。

（1）将光标置入要修改项目符号或编号的文本中。

（2）通过以下几种方法打开"列表属性"对话框。

① 单击"属性"面板中的"列表项目"按钮 [    列表项目...    ]。

② 选择"编辑 > 列表 > 属性"命令。

在"列表属性"对话框中先设置"列表类型"选项，确认是要修改项目符号还是编号，如图2-68所示；然后在"样式"下拉列表中选择相应的列表或编号的样式，如图2-69所示，单击"确定"按钮，完成设置。

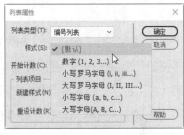

图2-68                    图2-69

## 2.2.4 设置文本缩进格式

设置文本缩进格式有以下几种方法。

① 在"属性"面板中单击"内缩区块"按钮 ▤ 或"删除内缩区块"按钮 ▤ ，使段落向右或向左移动。

② 选择"编辑 > 文本 > 缩进"或"编辑 > 文本 > 凸出"命令，使段落向右或向左移动。

③ 按Ctrl+Alt+ ] 组合键或Ctrl+Alt+ [ 组合键，使段落向右或向左移动。

## 2.2.5 插入日期

插入日期的具体操作步骤如下。

（1）在文档编辑窗口中，将光标置入想要插入对象的位置。

（2）通过以下几种方法打开"插入日期"对话框，如图2-70所示。

① 选择"插入"面板的"HTML"选项卡，单击"日期"按钮 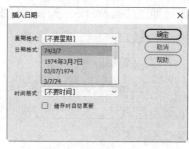 。

② 选择"插入 > HTML > 日期"命令。

"插入日期"对话框中包含"星期格式""日期格式""时间格式""储存时自动更新"4个选项。前3个选项用于设置星期、日期和时间的显示格式，最后一个选项表示是否按系统当前日期和时间进行显示，若勾选此复选框，则显示当前的日期和时间，否则仅按创建网页时的设置显示。

图2-70

（3）选择相应的日期和时间的格式，单击"确定"按钮，完成设置。

## 2.2.6 特殊字符

在网页中插入特殊字符有以下几种方法。

① 单击"插入"面板的"HTML"选项卡中的"字符：换行符"按钮 ，弹出其他特殊字符的列表，如图2-71所示，在其中选择需要的特殊字符的选项，即可插入特殊字符。

"版权"选项 ©：用于在文档中插入版权符号。

"注册商标"选项 ®：用于在文档中插入注册商标符号。

"其他字符"选项 ：选择此选项，可在弹出的"插入其他字符"对话框中单击需要的字符，同时该字符的代码会出现在"插入"文本框中，也可以直接在"插入"文本框中输入字符代码，单击"确定"按钮，即可将字符插入文档中，如图2-72所示。

② 选择"插入 > HTML > 字符"命令，在弹出的子菜单中选择需要的特殊字符，如图2-73所示。

图2-71

图2-72

图2-73

## 2.2.7 插入换行符

为段落添加换行符有以下几种方法。

① 选择"插入"面板的"HTML"选项卡，单击"字符：换行符"按钮 。

② 按Shift+Enter组合键。

③ 选择"插入 > HTML > 字符 > 换行符"命令。

在文档中插入换行符的具体操作步骤如下。

（1）打开一个网页文件，输入一段文字，如图2-74所示。

（2）按Shift+Enter组合键，将光标换到另一个段落，如图2-75所示。输入文本，如图2-76所示。使用相同的方法输入换行符和文本，效果如图2-77所示。

图2-74

图2-75

图2-76

图2-77

# 2.3　水平线、网格与标尺

水平线可以将文本、图像、表格等对象在视觉上分割开。一篇内容繁杂的文档，如果合理地放置几条水平线，就会显得层次分明，便于阅读。

虽然Dreamweaver提供了"所见即所得"的编辑器，但是通过视觉来判断网页元素的位置并不准确。要想精确地定位网页元素，就必须依靠Dreamweaver提供的定位工具。

## 2.3.1　课堂案例——休闲度假村网页

案例学习目标　使用"插入"命令插入水平线，使用代码改变水平线的颜色。

案例知识要点　使用"插入"命令在文档中插入水平线，使用"属性"面板取消水平线的阴影，使用代码改变水平线的颜色，效果如图2-78所示。

效果所在位置　学习资源\Ch02\效果\休闲度假村网页\index.html。

图2-78

**01** 选择"文件 > 打开"命令，在弹出的"打开"对话框中，选择本书学习资源中的"Ch02\素材\休闲度假村网页\index.html"文件，单击"打开"按钮打开文件，如图2-79所示。将光标置入图2-80所示的单元格中。

图2-79 图2-80

**02** 选择"插入 > HTML > 水平线"命令，在单元格中插入水平线，效果如图2-81所示。

图2-81

**03** 选中水平线，在"属性"面板中将"高"设置为1，取消勾选"阴影"复选框，如图2-82所示，水平线效果如图2-83所示。

图2-82

图2-83

**04** 选中水平线，单击文档编辑窗口上方的"拆分"按钮 拆分，在"拆分"视图中的"noshade"代码后面置入光标。按一次Space键，标签列表中会弹出该标签的属性，选择"color"，如图2-84所示。

```
29 ▼        <tr>
30 ▼            <td height="46" class="bj"><table width="100%" border="0" cellspacing="0" cellpadding="0">
31 ▼                <tbody>
32 ▼                    <tr>
33                          <td><hr size="1" noshade="noshade" ></td>
34                          <td width="150" align="center" styl        方正兰亭黑简体'; color: #7e3325;">酒
                              店简介</td>
35                          <td> </td>
36                      </tr>
37                  </tbody>
38              </table></td>
39          </tr>
40 ▼        <tr>
```

图2-84

**05** 选择"color"属性后，单击弹出的"Color Picker..."属性，如图2-85所示。在弹出的颜色混合器中选择颜色，标签效果如图2-86所示。

```
29 ▼        <tr>
30 ▼            <td height="46" class="bj"><table width="100%" border="0" cellspacing="0" cellpadding="0">
31 ▼                <tbody>
32 ▼                    <tr>
33                          <td><hr size="1" noshade="noshade" color="">></td>
34                          <td width="150" align="center" style="fon  Color Picker...    黑简体'; color: #7e3325;">酒
                              店简介</td>
35                          <td> </td>
36                      </tr>
37                  </tbody>
38              </table></td>
39          </tr>
40 ▼        <tr>
```

图2-85

```
29 ▼        <tr>
30 ▼            <td height="46" class="bj"><table width="100%" border="0" cellspacing="0" cellpadding="0">
31 ▼                <tbody>
32 ▼                    <tr>
33                          <td><hr size="1" noshade="noshade" color="#7E3325">></td>
34                          <td width="150" align="center" style="font-family: '方正兰亭黑简体'; color: #7e3325;">酒
                              店简介</td>
35                          <td> </td>
36                      </tr>
37                  </tbody>
38              </table></td>
39          </tr>
40 ▼        <tr>
```

图2-86

**06** 用上述方法制作出图2-87所示的效果。

图2-87

**07** 因为水平线的颜色不能在Dreamweaver 2020的工作界面中确认，所以需要保存文档，按F12键预览，效果如图2-88所示。

图2-88

### 2.3.2 水平线

水平线在网页的版式设计中是非常有用的，可以用来分割文本、图像、表格等对象。

**1. 创建水平线**

创建水平线的方法有以下两种。

① 选择"插入"面板中的"HTML"选项卡，单击"水平线"按钮 。

② 选择"插入 > HTML > 水平线"命令。

**2. 修改水平线**

在文档编辑窗口中选中水平线，选择"窗口 > 属性"命令，弹出"属性"面板，可以根据需要对水平线的属性进行修改，如图2-89所示。

图2-89

在"水平线"下方的文本框中输入水平线的名称。

在"宽"文本框中输入水平线的宽度值，其单位可以是像素，也可以是相对页面水平宽度的百分比。

在"高"文本框中输入水平线的高度值，这里的单位只能是像素。

在"对齐"下拉列表中可以选择水平线在水平位置上的对齐方式，可以是"左对齐""右对齐""居中对齐"，也可以选择"默认"选项，使用默认的对齐方式。

如果勾选"阴影"复选框，水平线则具有阴影效果。

### 2.3.3 网格

使用网格可以更加方便地定位网页元素，在网页布局时，网格也起到至关重要的作用。

**1. 显示和隐藏网格**

在"设计"视图中，选择"查看 > 设计视图选项 > 网格设置 > 显示网格"命令，或按Ctrl+Alt+G组合键，此时网格处于显示状态，如图2-90所示。再次使用该命令或组合键，可将网格隐藏。

**2. 设置网页元素与网格对齐**

在"设计"视图中，选择"查看 > 设计视图选项 > 网格设置 > 靠齐到网格"命令，或按Ctrl+Alt+Shift+G组合键，此时，无论网格是否可见，都可以让网页元素自动与网格对齐。

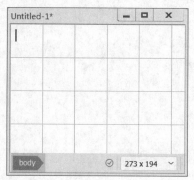

图2-90

### 3. 修改网格的疏密

在"设计"视图中，选择"查看 > 设计视图选项 > 网格设置 > 网格设置"命令，弹出"网格设置"对话框，如图2-91所示。在"间隔"文本框中输入一个数，并从下拉列表中选择间隔的单位，单击"确定"按钮，完成网格线间隔的修改。

图2-91

### 4. 修改网格线的颜色和线型

在"设计"视图中，选择"查看 > 设计视图选项 > 网格设置 > 网格设置"命令，弹出"网格设置"对话框。在对话框中，先单击"颜色"按钮并从颜色拾取器中选择一种颜色，或者在文本框中输入一个十六进制的颜色值，然后选择"显示"选项组中的"线"或"点"单选项，如图2-92所示，最后单击"确定"按钮，完成网格线颜色和线型的修改。

图2-92

## 2.3.4  标尺

标尺显示在文档编辑窗口的页面上方和左侧，用以辅助确定网页元素的位置和尺寸。标尺的单位分为像素、英寸和厘米。

### 1. 在文档编辑窗口中显示标尺

在"设计"视图中，选择"查看 > 设计视图选项 > 标尺 > 显示"命令，或按Alt+F11组合键，此时标尺处于显示状态，如图2-93所示。

### 2. 改变标尺的计量单位

在标尺上单击鼠标右键，可以在弹出的菜单中选择需要的计量单位，如图2-94所示。

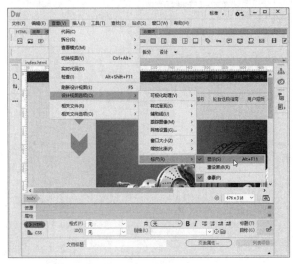

图2-93

图2-94

### 3. 改变坐标原点

在文档编辑窗口左上方的标尺交叉点处，按住鼠标左键向右下方拖曳，如图2-95所示。在要设置新坐标原点的地方松开鼠标左键，坐标原点将随之改变，如图2-96所示。

图2-95                    图2-96

### 4. 重置标尺的坐标原点

在"设计"视图中，选择"查看 > 设计视图选项 > 标尺 > 重设原点"命令，如图2-97所示，可将坐标原点还原成（0，0）点。

图2-97

**提示** 要将坐标原点恢复到初始位置，还可以通过双击文档编辑窗口左上方的标尺交叉点实现。

# 课堂练习——有机果蔬网页

**练习知识要点** 用"页面属性"命令设置页面外观、网页标题效果，使用"首选项"命令设置允许多个连续空格，使用"CSS设计器"面板设置文字的字体、大小和行距，如图2-98所示。

**素材所在位置** 学习资源\Ch02\素材\有机果蔬网页\index.html。

**效果所在位置** 学习资源\Ch02\效果\有机果蔬网页\index.html。

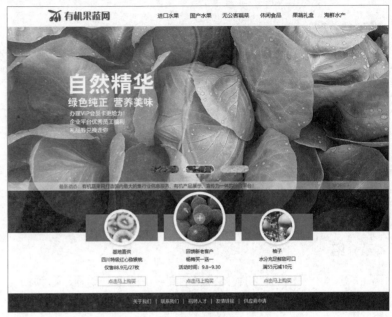

图2-98

# 课后习题——旅行购票网页

**习题知识要点** 使用"页面属性"命令设置页面边距和标题，使用"CSS样式"命令改变文本的颜色及行距，如图2-99所示。

**素材所在位置** 学习资源\Ch02\素材\旅行购票网页\index.html。

**效果所在位置** 学习资源\Ch02\效果\旅行购票网页\index.html。

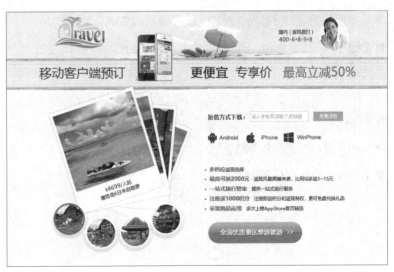

图2-99

# 第 3 章

## 多媒体

### 本章介绍

所谓"媒体"是指信息的载体，包括文字、图像、动画、音频和视频等。在Dreamweaver 2020中，用户可以方便、快捷地向Web站点中添加图像、音频和视频等，并可以编辑媒体文件和对象。

### 学习目标

● 熟悉图像的格式
● 掌握插入图像、设置图像属性、给图像添加文字说明的方法
● 掌握插入Flash动画、Flash视频、Animate作品、HTML 5
　视频的方法

### 技能目标

● 掌握环球旅游网页的制作方法
● 掌握绿色农场网页的制作方法

# 3.1 图像

　　建立网站的目的就是要让更多的浏览者浏览站点，网站设计者必须想办法去吸引浏览者的注意，所以网页除了包含文字外，还要包含各种赏心悦目的图像。因此，对于网站设计者而言，掌握图像的使用技巧是非常有必要的。

## 3.1.1 课堂案例——环球旅游网页

案例学习目标 使用"插入"面板插入图像。

案例知识要点 使用"Image"按钮插入图像，使用"CSS设计器"命令控制图像的右外边距，如图3-1所示。

效果所在位置 学习资源\Ch03\效果\环球旅游网页\index.html。

**01** 选择"文件 > 打开"命令，在弹出的"打开"对话框中，选择本书学习资源中的"Ch03\素材\环球旅游网页\index.html"文件，单击"打开"按钮打开文件，如图3-2所示。将光标置入图3-3所示的单元格中。

图3-1

图3-2

图3-3

**02** 单击"插入"面板的"HTML"选项卡中的"Image"按钮 ，在弹出的"选择图像源文件"对话框中，选择本书学习资源中的"Ch03\素材\环球旅游网页\images\img_1.jpg"文件，单击"确定"按钮，完成图片的插入，如图3-4所示。用相同的方法将本书学习资源中的"Ch03\素材\环球旅游网页\images\img_2.jpg、img_3.jpg、img_4.jpg"文件插入该单元格中，效果如图3-5所示。

图3-4　　　　　　　　　　　　　　　　图3-5

**03** 选择"窗口 > CSS设计器"命令，弹出"CSS设计器"面板。选中"源"选项组中的"<style>"选项，

单击"选择器"选项组中的"添
加选择器"按钮**+**，在"选择器"
选项组的文本框中输入".pic"，
如图3-6所示，按Enter键确认输
入，效果如图3-7所示。在"属
性"选项组的"添加属性"文
本框中输入"margin-right"，
在"添加值"文本框中输入
"2px"，如图3-8所示。

图3-6　　　　　　　　图3-7　　　　　　　　图3-8

**04** 选中图3-9所示的图片，在"属性"面板的"类"下拉列表中选择"pic"选项，应用样式，效果如图3-10所示。用相同的方法为"img_2.jpg"和"img_3.jpg"图片应用样式，效果如图3-11所示。

图3-9　　　　　图3-10　　　　　　　　图3-11

**05** 保存文档，按F12键预览效果，如图3-12所示。

图3-12

## 3.1.2　网页中的图像格式

网页中经常使用的图像文件有JPEG、GIF、PNG这3种格式，但大多数浏览器只支持JPEG、GIF格式。因为要保证浏览者下载网页的速度，所以网站设计者经常使用JPEG和GIF这两种图像压缩格式。

### 1. GIF格式

GIF是网页中最常见的图像格式之一，其具有以下特点。

（1）最多可以显示256种颜色。因此，它最适合显示色调不连续或具有大面积单一颜色的图像，如导航条、按钮、图标、徽标或其他具有统一色调的图像。

（2）使用无损压缩方案，图像在压缩后不会有细节的损失。

（3）支持透明的背景，可以创建带有透明区域的图像。

（4）是交换文件格式，在浏览器完成下载图像之前，浏览者即可看到该图像。

（5）图像格式的通用性好，几乎所有的浏览器都支持此图像格式，并且有许多免费软件支持GIF图像文件的编辑。

### 2. JPEG格式

JPEG是一种为图像提供有损压缩的图像格式，其具有以下特点。

（1）具有丰富的色彩，最多可以显示1670万种颜色。

（2）使用有损压缩方案，图像在压缩后会有细节的损失。

（3）图像边缘的细节损失严重，所以不适合包含鲜明对比的图像或文本图像。

### 3. PNG格式

PNG 是专门为网页准备的图像格式，其具有以下特点。

（1）使用新型的无损压缩方案，图像在压缩后不会有细节的损失。

（2）具有丰富的色彩，最多可以显示1670万种颜色。

（3）图像格式的通用性差。IE 4.0或更高版本、Netscape 4.04或更高版本的浏览器都只能支持部分PNG图像的显示，因此只有在为特定的用户进行设计时，才使用PNG格式的图像。

## 3.1.3　插入图像

要在Dreamweaver 2020文档编辑窗口中插入的图像必须位于当前站点文件夹内或远程站点文件夹内，否则图像不能正确显示。所以在建立站点时，网站设计者通常先创建一个名叫"image"的文件夹，并将需要的图像复制到其中。

在网页中插入图像的具体操作步骤如下。

（1）在文档编辑窗口中，将光标置入要插入图像的位置。

（2）通过以下几种方法使用"Image"命令，弹出"选择图像源文件"对话框，如图3-13所示。

① 选择"插入"面板中的"HTML"选项卡，单击"Image"按钮 。

② 选择"插入 > Image"命令。

③ 按Ctrl+Alt+I组合键。

（3）在对话框中选择图像文件，单击"确定"按钮，完成设置。

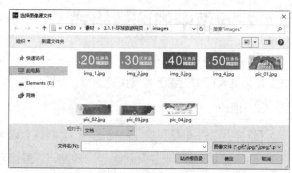

图3-13

## 3.1.4 设置图像属性

插入图像后，"属性"面板中会显示该图像的属性，如图3-14所示。下面介绍各选项的含义。

图3-14

"ID"选项：指定图像的ID名称。

"Src"选项：指定图像的源文件。

"链接"选项：指定单击图像时要显示的网页文件。

"无"选项：指定图像应用CSS样式。

"编辑"按钮组：用于编辑图像文件，包括"编辑""编辑图像设置""从源文件更新""裁剪""重新取样""亮度和对比度""锐化"按钮。

"宽"和"高"选项：以像素为单位指定图像的宽度和高度，这样做虽然可以缩放图像的显示大小，但不会缩短下载时间，因为浏览器在缩放图像前会下载所有图像数据。

"替换"选项：指定文本，在将浏览器设置为手动下载图像前，用它来替换图像的显示内容；在某些浏览器中，当鼠标指针滑过图像时也会显示替代文本。

"标题"选项：指定图像的标题。

"地图"选项和热点工具按钮组：用于设置图像的热点链接。

"目标"选项：指定链接页面中应该载入的框架或窗口，详细设置可见"第4章 超链接"。

"原始"选项：为了节省浏览者浏览网页的时间，可通过此选项指定在载入主图像之前可快速载入的低品质图像。

## 3.1.5 给图像添加文字说明

当图像不能在浏览器中正常显示时，网页中图像的位置就会变成空白区域，如图3-15所示。

为了让浏览者在网页不能正常显示图像时也能了解图像的信息，通常会为网页的图像设置"替换"属性，在"替换"文本框中输入图像的说明文字，如图3-16所示。当图像不能正常显示时，网页的效果如图3-17所示。

图3-15

图3-16

图3-17

# 3.2 动画和视频

在网页中除了使用文本和图像元素表达信息外，用户还可以向其中插入Flash动画、Flash视频、Animate作品等多媒体元素，以丰富网页的内容。虽然这些多媒体对象能够使网页更加丰富多彩，吸引更多的浏览者，但这会降低浏览速度，导致兼容性变差。因此，一般网站为了保证浏览者的浏览速度，不会大量运用多媒体元素。

## 3.2.1 课堂案例——绿色农场网页

案例学习目标 使用"插入"面板的"HTML"选项卡插入Flash动画，使网页变得生动、有趣。

案例知识要点 使用"Flash SWF"按钮为网页文档插入Flash动画，使用"属性"面板设置动画背景，如图3-18所示。

效果所在位置 学习资源\Ch03\效果\绿色农场网页\index.html。

**01** 选择"文件 > 打开"命令，在弹出的"打开"对话框中，选择本书学习资源中的"Ch03\素材\绿色农场网页\index.html"文件，单击"打开"按钮打开文件，如图3-19所示。

图3-18 图3-19

**02** 将光标置入图3-20所示的单元格中，单击"插入"面板的"HTML"选项卡中的"Flash SWF"按钮 🖹，在弹出的"选择SWF"对话框中，选择本书学习资源中的"Ch03\素材\绿色农场网页\images\DH.swf"文件，如图3-21所示。单击"确定"按钮，弹出"对象标签辅助功能属性"对话框，如图3-22所示。单击"确定"按钮，完成Flash动画的插入，效果如图3-23所示。

图3-20 图3-21

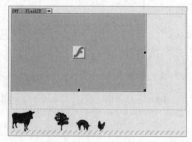

图3-22 图3-23

**03** 保持动画的选择状态，在"属性"面板的"Wmode"下拉列表中选择"透明"选项，如图3-24所示。保存文档，按F12键预览效果，如图3-25所示。

图3-24 图3-25

## 3.2.2 插入Flash动画

Dreamweaver 2020提供了使用Flash对象的功能，虽然Flash中使用的文件类型有Flash源文件（.fla）、Flash SWF文件（.swf），但Dreamweaver 2020只支持Flash SWF（.swf）文件，因为它是Flash（.fla）文件的压缩格式，已进行了优化，便于在 Web 上查看。

在网页中插入Flash动画的具体操作步骤如下。

（1）在文档编辑窗口的"设计"视图中，将光标置入想要插入影片的位置。

（2）通过以下几种方法使用"Flash"命令。

① 在"插入"面板的"HTML"选项卡中单击"Flash SWF"按钮 🗎 。

② 选择"插入 > HTML > Flash SWF"命令。

③ 按Ctrl+Alt+F组合键。

（3）在弹出的"选择SWF"对话框中，选择一个扩展名为".swf"的文件，如图3-26所示，单击"确定"按钮，完成设置。此时，Flash占位符出现在文档编辑窗口中，如图3-27所示。

图3-26

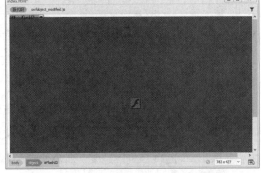

图3-27

## 3.2.3 插入Flash视频

网页中可以轻松添加Flash视频，而无须使用Flash创作工具，但在操作之前必须有一个经过编码的FLV 文件。使用Dreamweaver 2020插入一个显示FLV文件的SWF组件，当在浏览器中查看时，此组件显示所选的FLV文件和一组播放控件。

Dreamweaver 2020提供了以下选项，用于将Flash视频传送给站点访问者。

"累进式下载视频"选项：将FLV文件下载到站点访问者的硬盘上，然后进行播放；与传统的"下载并播放"视频传送方法不同，累进式下载允许在下载完成之前就开始播放视频文件。

"流视频"选项：对视频内容进行流式处理，并在经过一段可确保流畅播放的很短的缓冲时间后在网页上播放该内容；若要在网页上启用流视频，必须具有访问Adobe® Flash® Media Server的权限，并有一个经过编码的 FLV 文件，然后才能在Dreamweaver 2020中使用它。可以插入并使用Sorenson Squeeze和 On2这两种编解码器（压缩/解压缩技术）创建的视频文件。

与常规SWF文件一样，在插入FLV文件时，Dreamweaver 2020将检测用户是否拥有可查看视频的正确Flash Player版本的代码。如果用户没有正确的版本，则页面将显示替代内容，提示用户下载最新版本的Flash Player。

**提示** 若要查看 FLV 文件，用户的计算机上必须安装 Flash Player 8 或更高版本。

插入FLV文件的具体操作步骤如下。

（1）在文档编辑窗口的"设计"视图中，将光标置入想要插入FLV文件的位置。

（2）通过以下几种方法使用"FLV"命令，可弹出"插入FLV"对话框，如图3-28所示。

① 在"插入"面板的"HTML"选项卡中单击"Flash Video"按钮 。

② 选择"插入 > HTML > 媒体 > Flash Video"命令。

图3-28

把"视频类型"设置为"累进式下载视频"选项时，各选项的作用如下。

"URL"选项：指定FLV文件的相对路径或绝对路径。若要指定相对路径，则单击"浏览"按钮，导航到 FLV 文件并将其选定；若要指定绝对路径，则输入 FLV 文件的 URL。

"外观"选项：指定视频组件的外观，所选外观的预览效果会显示在"外观"弹出菜单的下方。

"宽度"选项：以像素为单位指定 FLV 文件的宽度。若要确定 FLV 文件的准确宽度，则单击"检测大小"按钮；如果无法确定宽度，则必须输入宽度值。

"限制高宽比"选项：保持视频组件的宽度和高度之间的比例不变，默认情况下会勾选该复选框。

"高度"选项：以像素为单位指定 FLV 文件的高度。若要确定 FLV 文件的准确高度，则单击"检测大小"按钮；如果无法确定高度，则必须输入高度值。

**提示** "包括外观"是 FLV 文件的宽度和高度与所选外观的宽度和高度相加得出的和。

"自动播放"选项：指定在页面打开时是否播放视频。

"自动重新播放"选项：指定播放控件在视频播放完之后是否返回起始位置。

把"视频类型"设置为"流视频"选项时，各选项的作用如下。

"服务器URI"选项：以 rtmp://example.com/app_name/instance_name 的形式指定服务器名称、应用程序名称和实例名称。

"流名称"选项：指定想要播放的FLV文件的名称（如myvideo.flv），扩展名".flv"是可选的。

"实时视频输入"选项：指定视频内容是否是实时的。如果勾选了"实时视频输入"复选框，则 Flash Player 将播放从 Flash® Media Server 流入的实时视频流，实时视频输入的名称是在"流名称"文本框中指定的名称。

如果勾选了"实时视频输入"复选框，组件的外观上只会显示音量控件，因为用户无法操纵实时视频。此外，"自动播放"和"自动重新播放"选项也不起作用。

　　"缓冲时间"选项：指定在视频开始播放之前进行缓冲处理所需的时间（以秒为单位）。默认的"缓冲时间"设置为0，这样在单击"播放"按钮后视频会立即开始播放（如果勾选"自动播放"复选框，则在建立与服务器的连接后视频立即开始播放）；如果要发送的视频的比特率高于站点访问者的连接速度，或者因网络通信导致带宽或连接问题，则需要设置缓冲时间。例如，如果要在网页播放视频之前将15秒的视频发送到网页，"缓冲时间"应设置为15。

　　（3）在"插入FLV"对话框中根据需要进行设置。单击"确定"按钮，将FLV文件插入文档编辑窗口中，此时，FLV占位符出现在文档编辑窗口中，如图3-29所示。

图3-29

## 3.2.4 插入Animate作品

　　Animate是Adobe公司出品的制作HTML 5动画的可视化工具，可以将其简单理解为HTML 5版本的Flash Pro。使用该软件可以在网页中轻而易举地插入视频，而不需要编写烦琐、复杂的代码。

　　在网页中插入动画合成作品的具体操作步骤如下。

　　（1）在文档编辑窗口的"设计"视图中，将光标置入想要插入动画合成的位置。

　　（2）通过以下几种方法使用"Animate"命令。

　　① 在"插入"面板的"HTML"选项卡中单击"动画合成"按钮 🖻 。

　　② 选择"插入 > HTML > 动画合成"命令。

　　③ 按Ctrl+Alt+Shift+E组合键。

　　（3）在弹出的"选择动画合成"对话框中选择一个影片文件，如图3-30所示，单击"确定"按钮，在文档编辑窗口中插入动画合成作品，效果如图3-31所示。

图3-30

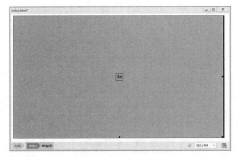

图3-31

（4）保存文档，按F12键在浏览器中预览效果，如图3-32所示。

图3-32

**提示** 单击"动画合成"按钮后，只能插入扩展名为".oam"的文件，该文件格式是由Animate官方发布的Animate作品包的专用格式。

## 3.2.5 插入HTML 5视频

Dreamweaver 2020可以在网页中插入HTML 5视频。HTML 5视频元素提供了一种将电影或视频嵌入网页中的标准方式。

在网页中插入HTML 5视频的具体操作步骤如下。

（1）在文档编辑窗口的"设计"视图中，将光标置入想要插入视频的位置。

（2）通过以下几种方法使用"HTML 5 Video"命令。

① 在"插入"面板的"HTML"选项卡中单击"HTML 5 Video"按钮 🕒。

② 选择"插入 > HTML > HTML 5 Video"命令。

③ 按Ctrl+Shift+Alt+V组合键。

（3）在页面中插入一个内部带有影片图标的矩形块，如图3-33所示。选中该图形，在"属性"面板中单击"源"选项右侧的"浏览"按钮🗀，在弹出的"选择视频"对话框中选择视频文件，如图3-34所示。单击"确定"按钮，完成视频文件的选择，"属性"面板如图3-35所示。

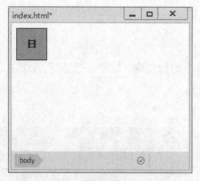

图3-33

图3-34

图3-35

（4）保存文档，按F12键预览效果，如图3-36所示。

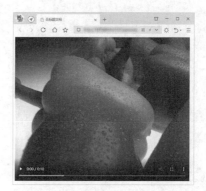

图3-36

# 课堂练习——纸杯蛋糕网页

`练习知识要点` 使用"Image"按钮插入装饰图像，如图3-37所示。

`素材所在位置` 学习资源\Ch03\素材\纸杯蛋糕网页\index.html。

`效果所在位置` 学习资源\Ch03\效果\纸杯蛋糕网页\index.html。

图3-37

# 课后习题——物流运输网页

`习题知识要点` 使用"Flash SWF"按钮为网页文档插入Flash动画效果，使用"属性"面板设置动画背景，如图3-38所示。

`素材所在位置` 学习资源\Ch03\素材\物流运输网页\index.html。

`效果所在位置` 学习资源\Ch03\效果\物流运输网页\index.html。

图3-38

# 第 4 章

# 超链接

## 本章介绍

每个网页都是通过超链接的形式关联在一起的，超链接是网页中最重要、最基础的元素之一。浏览者可以通过单击网页中的某个元素，轻松地达到切换网页、下载文件、收发邮件等目的。本章将对超链接进行具体的讲解。

## 学习目标

● 掌握超链接的概念与路径知识

● 掌握文本链接、电子邮件链接、下载文件链接的创建方法

● 掌握图像链接、鼠标经过图像链接的创建方法

● 掌握热点链接、ID链接的创建方法

## 技能目标

● 掌握建筑模型网页的制作方法

● 掌握狮立地板网页的制作方法

● 掌握建筑规划网页的制作方法

● 掌握影相天地网页的制作方法

# 4.1 超链接的概念与路径知识

　　超链接的主要作用是将物理上无序的内容组成一个有机的统一体。超链接对象上存放了某个网页文件的地址，以便浏览者打开相应的网页文件。在浏览网页时，当浏览者将鼠标指针移到文字或图像上时，鼠标指针会改变形状或颜色，这就是在提示浏览者：此对象为链接对象。浏览者只需单击这些链接对象，就可完成打开链接的网页、下载文件、打开邮件工具收发邮件等操作。

# 4.2 文本链接

　　文本链接是以文本为链接对象的一种常用的链接方式。链接对象的文本带有标志性，它标志着链接网页的主要内容或主题。

## 4.2.1 课堂案例——建筑模型网页

**案例学习目标** 使用"插入"面板的"HTML"选项卡制作电子邮件链接效果，使用"属性"面板为文字制作下载文件链接效果。

**案例知识要点** 使用"电子邮件链接"按钮制作电子邮件链接效果，使用"浏览文件"按钮为文字制作下载文件链接效果，如图4-1所示。

**效果所在位置** 学习资源\Ch04\效果\建筑模型网页\index.html。

### 1. 制作电子邮件链接

**01** 选择"文件 > 打开"命令，在弹出的"打开"对话框中，选择本书学习资源中的"Ch04\素材\建筑模型网页\index.html"文件，单击"打开"按钮打开文件，如图4-2所示。

图4-1

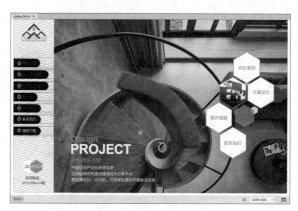

图4-2

**02** 选中文本"联系我们",如图4-3所示。单击"插入"面板的"HTML"选项卡中的"电子邮件链接"按钮 ✉,在弹出的"电子邮件链接"对话框中进行设置,如图4-4所示。单击"确定"按钮,文字的下方出现下划线,如图4-5所示。

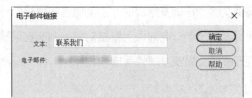
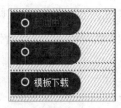

图4-3          图4-4          图4-5

**03** 选择"文件 > 页面属性"命令,弹出"页面属性"对话框,在左侧的"分类"列表中选择"链接(CSS)"选项。在对话框右侧将"链接颜色"设置为白色(#FFFFFF),"变换图像链接"设置为橘黄色(#FF6600),"已访问链接"设置为白色,"活动链接"设置为橘黄色,在"下划线样式"下拉列表中选择"始终无下划线"选项,如图4-6所示。单击"确定"按钮,文本效果如图4-7所示。

图4-6          图4-7

### 2. 制作下载文件链接

**01** 选中文本"模板下载",如图4-8所示。在"属性"面板中,单击"链接"选项右侧的"浏览文件"按钮 📁,弹出"选择文件"对话框,选择本书学习资源中的"Ch04\素材\建筑模型网页\images\TPL.zip"文件,如图4-9所示。单击"确定"按钮,将"TPL.zip"文件链接到"链接"文本框中,在"目标"下拉列表中选择"_blank"选项,如图4-10所示。

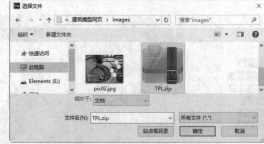

图4-8          图4-9

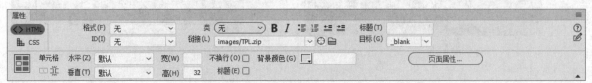

图4-10

**02** 保存文档，按F12键预览效果。单击创建链接的文本"联系我们"，效果如图4-11所示。单击"模板下载"文本，将弹出窗口，在窗口中可以根据提示进行操作，如图4-12所示。

图4-11

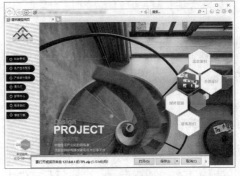
图4-12

## 4.2.2　创建文本链接

创建文本链接的方法非常简单，主要是在链接文本的"属性"面板中指定链接文件。指定链接文件的方法有以下3种。

### 1. 直接输入要链接文件的路径和文件名

在文档编辑窗口中选中作为链接对象的文本，选择"窗口 > 属性"命令，弹出"属性"面板。在"链接"文本框中输入要链接文件的路径和文件名，如图4-13所示。

图4-13

**提示** 如果要链接到本地站点中的一个文件，则直接输入文件相对路径或站点根目录相对路径；如果要链接到本地站点以外的文件，则直接输入文件的绝对路径。

### 2. 使用"浏览文件"按钮

在文档编辑窗口中选中作为链接对象的文本，在"属性"面板中单击"链接"选项右侧的"浏览文件"按钮，弹出"选择文件"对话框。选择要链接的文件，在"相对于"下拉列表中选择"文档"选项，如图4-14所示，单击"确定"按钮。

图4-14

**提示** "相对于"下拉列表中有两个选项可供选择。选择"文档"选项，表示使用文档相对路径来建立链接；选择"站点根目录"选项，表示使用站点根目录相对路径来建立链接。在"URL"文本框中，可以直接输入网页的绝对路径。

**技巧** 要链接本地站点中的一个文件时，最好不要使用绝对路径，因为如果移动文件，那么文件内所有的绝对路径都将被打断，这会造成链接错误。

### 3. 使用"指向文件"图标

使用"指向文件"图标⊕，可以快捷地指定站点窗口内的链接文件，或指定另一个已打开文件中命名锚点的链接。

在文档编辑窗口中选中作为链接对象的文本，在"属性"面板中，拖曳"指向文件"图标⊕指向右侧站点窗口内的文件，如图4-15所示。松开鼠标左键，"链接"选项被更新并显示出所建立的链接。

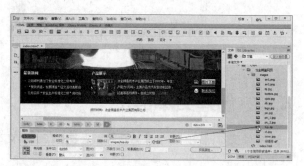

图4-15

链接文件后，"属性"面板中的"目标"选项变为可用，其下拉列表中各选项的作用如下。

"_blank"选项：将链接文件加载到未命名的新浏览器窗口中。

"new"选项：将链接文件加载到名为"链接文件名称"的浏览器窗口中。

"_parent"选项：将链接文件加载到包含该链接的父框架集或窗口中。如果包含链接的框架不是嵌套的，则将链接文件加载到整个浏览器窗口中。

"_self"选项：将链接文件加载到链接所在的同一框架或窗口中。此目标是默认的，因此通常不需要指定。

"_top"选项：将链接文件加载到整个浏览器窗口中，并由此删除所有框架。

## 4.2.3 文本链接的状态

一个被访问过的链接文本与一个未被访问过的链接文本在形式上是有所区别的，它提示浏览者链接文本所指示的网页是否被访问过。设置文本链接状态的具体操作步骤如下。

（1）选择"文件 > 页面属性"命令，弹出"页面属性"对话框。

（2）在对话框中设置文本的链接状态。在左侧的"分类"列表中选择"链接（CSS）"选项，单击"链接颜色"选项右侧的□按钮，在弹出的拾色器中选择一种颜色作为链接文本的颜色。

单击"变换图像链接"选项右侧的□按钮，在弹出的拾色器中选择一种颜色作为鼠标指针经过链接时的文本颜色。

单击"已访问链接"选项右侧的□按钮，在弹出的拾色器中选择一种颜色作为访问过的链接文本的颜色。

单击"活动链接"选项右侧的□按钮，在弹出的拾色器中选择一种颜色作为活动的链接文本的颜色。

在"下划线样式"下拉列表中设置链接文本是否加下划线，如图4-16所示。

图4-16

## 4.2.4 创建下载文件链接

浏览网站的目的经常是查找并下载资料，下载文件可利用下载文件链接来实现。建立下载文件链接的步骤如同创建文本链接，区别在于前者所链接的文件不是网页文件而是其他文件，如.exe、.zip等。

建立下载文件链接的具体操作步骤如下。

（1）在文档编辑窗口中选择需要添加下载文件链接的网页对象。

（2）在"链接"文本框中指定链接文件，详细内容参见4.2.2小节。

（3）按F12键预览网页效果。

## 4.2.5 创建电子邮件链接

网页只能作为单向传播的工具，用于将网站的信息传递给浏览者。但网站建立者需要接收使用者的反馈信息，一种有效的方式是让浏览者给网站发送电子邮件，在网页制作中使用电子邮件链接就可以实现该功能。

每当浏览者单击包含电子邮件链接的网页对象时，就会打开计算机中的邮件处理工具（如微软的Outlook Express），并且自动将收信人地址设置为网站建设者的邮箱地址，方便浏览者给网站发送反馈信息。

### 1. 利用"属性"面板建立电子邮件链接

（1）在文档编辑窗口中选择对象，一般是文本，如"联系我们"。

（2）在"链接"文本框中输入"mailto:邮箱地址"。例如，网站管理者的邮箱地址是xjg_peng@163.com，则在"链接"文本框中输入"mailto: xjg_peng@163.com"，如图4-17所示。

图4-17

**2. 利用"电子邮件链接"对话框建立电子邮件链接**

（1）在文档编辑窗口中选择需要添加电子邮件链接的网页对象。

（2）通过以下几种方法打开"电子邮件链接"对话框。

① 选择"插入 > HTML > 电子邮件链接"命令 。

② 单击"插入"面板的"HTML"选项卡中的"电子邮件链接"
按钮 。

在"文本"文本框中输入要在网页中显示的链接文本，并在"电
子邮件"文本框中输入完整的邮箱地址，如图4-18所示。

（3）单击"确定"按钮，完成电子邮件链接的创建。

图4-18

# 4.3 图像链接

图像链接就是以图像作为链接对象，当用户单击该图像时，将打开链接网页或文档。

## 4.3.1 课堂案例——狮立地板网页

案例学习目标 使用"插入"面板的"HTML"选项卡
为网页添加导航效果。

案例知识要点 使用"鼠标经过图像"按钮制作导航条
效果，如图4-19所示。

效果所在位置 学习资源\Ch04\效果\狮立地板网页\
index.html。

图4-19

**01** 选择"文件 > 打开"命令，在弹出的"打开"对话框中，选择本书学习资源中的"Ch04\素材\狮立地板网
页\index.html"文件，单击"打开"按钮打开文件，如图4-20所示。将光标置入图4-21所示的单元格中。

图4-20

图4-21

**02** 单击"插入"面板的"HTML"选项卡中的"鼠标经过图像"按钮 🖳，弹出"插入鼠标经过图像"对话框，如图4-22所示。单击"原始图像"选项右侧的"浏览"按钮，弹出"原始图像"对话框，选择本书学习资源中的"Ch04\素材\狮立地板网页\images\img_a.png"文件，单击"确定"按钮，返回"插入鼠标经过图像"对话框，如图4-23所示。单击"鼠标经过图像"选项右侧的"浏览"按钮，弹出"鼠标经过图像"对话框，选择本书学习资源中的"Ch04\素材\狮立地板网页\img_a1.png"文件，单击"确定"按

钮，返回"插入鼠标经过图像"对话框，如图4-24所示。单击"确定"按钮，文档效果如图4-25所示。

图4-22

图4-23

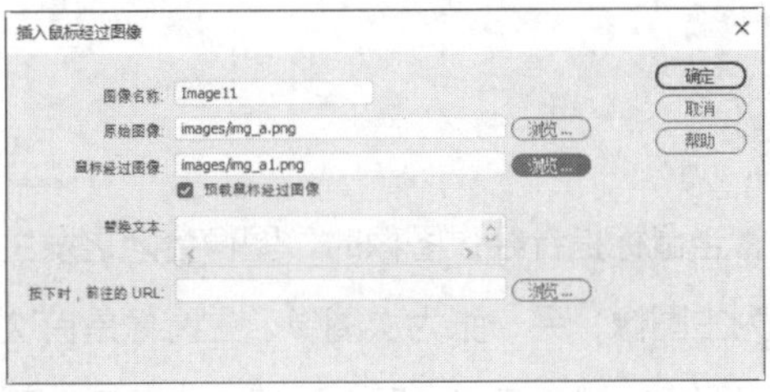

图4-24

图4-25

**03** 用相同的方法为其他单元格插入图像，制作出图4-26所示的效果。

图4-26

**04** 保存文档，按F12键预览效果，如图4-27所示。将鼠标指针移到图像上时，图像发生变化，效果如图4-28所示。

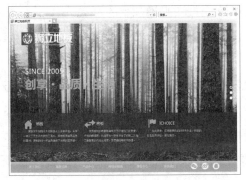

图4-27

图4-28

### 4.3.2 创建图像链接

建立图像链接的具体操作步骤如下。

（1）在文档编辑窗口中选择图像。

（2）在"属性"面板中，单击"链接"选项右侧的"浏览文件"按钮🗁，为图像添加文档相对路径的链接。

（3）在"替代"选项中可输入替代文本。设置替代文本后，当图片不能下载时，会在图片的位置上显示替代文本，当浏览者将鼠标指针指向图像时也会显示替代文本。

（4）按F12键预览网页的效果。

**提示** 图像链接与文本链接不同，图像链接不会发生许多提示性的变化，鼠标指针只有当经过图像时才会呈现手的形状。

## 4.3.3 鼠标经过图像链接

"鼠标经过图像"是一种常用的互动技术，当鼠标指针经过图像时，图像会随之发生变化。"鼠标经过图像"效果由两张大小相等的图像组成，一张为主图像，另一张为次图像。主图像是首次载入网页时显示的图像，次图像是当鼠标指针经过时更换的另一张图像。"鼠标经过图像"经常应用于网页中的按钮上。

建立"鼠标经过图像"的具体操作步骤如下。

（1）在文档编辑窗口中将光标置入需要添加图像的位置。

（2）通过以下几种方法打开"插入鼠标经过图像"对话框，如图4-29所示。

① 选择"插入 > HTML > 鼠标经过图像"命令。

② 在"插入"面板的"HTML"选项卡中，单击"鼠标经过图像"按钮🖳。

图4-29

"插入鼠标经过图像"对话框中各选项的作用如下。

"图像名称"选项：设置鼠标指针经过图像对象时显示的名称。

"原始图像"选项：设置载入网页时显示的图像文件的路径。

"鼠标经过图像"选项：设置在鼠标指针经过原始图像时显示的图像文件的路径。

"预载鼠标经过图像"选项：若希望图像预先载入浏览器的缓存中，以便浏览者在鼠标指针经过图像时不发生延迟，则勾选此复选框。

"替换文本"选项：设置替换文本的内容，在浏览器中当图片不能下载时，会在图片位置上显示替代文本，当浏览者将鼠标指针指向图像时会显示替代文本。

"按下时，前往的 URL"选项：设置跳转网页文件的路径，当浏览者单击图像时打开此网页。

（3）在"插入鼠标经过图像"对话框中按照需要设置选项，然后单击"确定"按钮，完成设置。按F12键预览网页效果。

# 4.4 热点链接

前面介绍的图像链接是指一张图只能对应一个链接，但有时需要在图上创建多个链接去打开不同的网页，而Dreamweaver 2020为网站设计者提供的热点链接功能，就能解决这个问题。

## 4.4.1 课堂案例——建筑规划网页

案例学习目标 使用"热点"制作图像链接效果。

案例知识要点 使用"矩形热点"按钮为图像添加热点图像，使用"属性"面板为热点创建超链接，如图4-30所示。

效果所在位置 学习资源\Ch04\效果\建筑规划网页\index.html。

图4-30

**01** 选择"文件 > 打开"命令，在弹出的"打开"对话框中，选择本书学习资源中的"Ch04\建筑规划网页\index.html"文件，单击"打开"按钮打开文件，效果如图4-31所示。选中图4-32所示的图像。

图4-31

图4-32

**02** 在"属性"面板中单击"矩形热点"按钮□，在文档编辑窗口中绘制矩形热点，如图4-33所示。在"属性"面板的"链接"文本框中输入"index.html"，在"目标"下拉列表中选择"_blank"选项，在"替换"文本框中输入"区位交通"，如图4-34所示。

图4-33

图4 34

**03** 在文档编辑窗口中继续绘制矩形热点，如图4-35所示。在"属性"面板的"链接"文本框中输入 "page.html"，在"目标"下拉列表中选择"_blank"选项，在"替换"文本框中输入"建筑规划"，如 图4-36所示。

图4-35

图4-36

**04** 保存文档，按F12键预览网页效果，将鼠标指针放置在热点图形上，鼠标指针变为手的形状，如图4-37 所示。单击热点，可以跳转到指定的链接页面，效果如图4-38所示。

图4-37

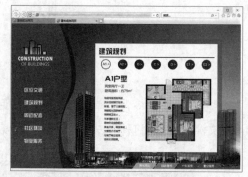

图4-38

## 4.4.2 创建热点链接

创建热点链接的具体操作步骤如下。

（1）选择一张图片，在"属性"面板的"地图"选项下方单击热点创建按钮，如图4-39所示。

图4-39

各按钮的作用如下。

"指针热点"按钮▶：用于选择不同的热点。

"矩形热点"按钮▫：用于创建矩形热点。

"圆形热点"按钮○：用于创建圆形热点。

"多边形热点"按钮▽：用于创建多边形热点。

（2）利用"指针热点"按钮、"矩形热点"按钮、"圆形热点"按钮、"多边形热点"按钮在图片上选择或建立相应形状的热点。

将鼠标指针放在图片上，当鼠标指针变为"+"时，在图片上拖曳出相应形状的蓝色热点。如果图片上有多个热点，可单击"指针热点"按钮选择不同的热点，并通过热点的控制点调整热点的大小。例如，单击"圆形热点"按钮，在图4-40所示的区域建立多个圆形链接热点。

图4-40

（3）此时，对应的"属性"面板如图4-41所示。在"链接"文本框中输入要链接的网址，在"替换"文本框中输入当鼠标指针指向热点时所显示的替换文本。通过热点，用户可以在图片的任何地方设置一个链接。反复操作，就可以在一张图片上划分很多热点，并为每一个热点设置一个链接，从而实现在一张图片上单击以链接到不同页面的效果。

图4-41

（4）按F12键预览网页的效果，如图4-42所示。

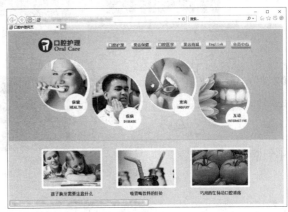

图4-42

# 4.5 ID链接

使用ID链接可以在HTML 5中实现HTML 4.01中的锚点链接效果，也就是跳转到指定页面中的某个位置。

## 4.5.1 课堂案例——影相天地网页

**案例学习目标** 使用"属性"面板制作超链接效果。

**案例知识要点** 使用"属性"面板创建ID标记，使用"链接"选项制作超链接效果，如图4-43所示。

**效果所在位置** 学习资源\Ch04\效果\影相天地网页\index.html。

### 1. 制作底部跳转到顶部链接

**01** 选择"文件 > 打开"命令，在弹出的"打开"对话框中，选择本书学习资源中的"Ch04\素材\影相天地网页\index.html"文件，单击"打开"按钮打开文件，如图4-44所示。

图4-43

图4-44

**02** 将光标置入图4-45所示的单元格中，在"属性"面板的"ID"文本框中输入"top"，如图4-46所示，为单元格创建ID标记。

图4-45

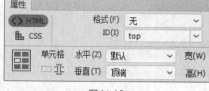

图4-46

**03** 将光标置入图4-47所示的单元格中，单击"插入"面板的"HTML"选项卡中的"鼠标经过图像"按钮，弹出"插入鼠标经过图像"对话框。单击"原始图像"选项右侧的"浏览"按钮，弹出"原始图像"对话框，选择本书学习资源中的"Ch04\素材\影相天地网页\images\an_01.jpg"文件。单击"确定"按钮，返回"插入鼠标经过图像"对话框，如图4-48所示。

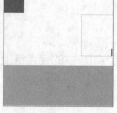

图4-47

图4-48

**04** 单击"鼠标经过图像"选项右侧的"浏览"按钮，弹出"鼠标经过图像"对话框，选择本书学习资源中的"Ch04\素材\影相天地网页\images\an_02.jpg"文件，单击"确定"按钮，返回"插入鼠标经过图像"对话框，如图4-49所示。单击"确定"按钮，文档效果如图4-50所示。

图4-49　　　　　　　　　　　　　　　　　　　图4-50

**05** 保持插入图像的选择状态，在"属性"面板的"链接"文本框中输入"#top"，如图4-51所示。

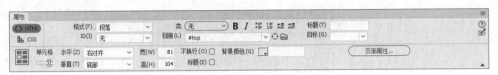

图4-51

**06** 保存文档，按F12键预览网页效果。将页面拖曳到最底部，单击底部的超链接图像，如图4-52所示，浏览器窗口瞬间显示为ID标记所在位置，如图4-53所示。

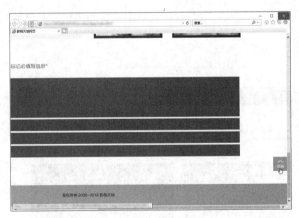

图4-52

图4-53

## 2. 使用ID标记移至其他网页的指定位置

**01** 选择"文件 > 打开"命令，在弹出的"打开"对话框中，选择本书学习资源中的"Ch04\素材\影相天地网页\ziye.html"文件，单击"打开"按钮打开文件，如图4-54所示。

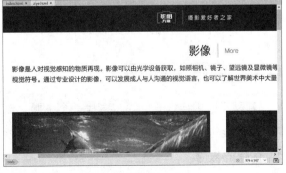

图4-54

**02** 将光标置入图4-55所示的单元格中，在"属性"面板的"ID"文本框中输入"top1"，如图4-56所示，为单元格创建ID标记。

图4-55

图4-56

**03** 选择"文件 > 保存"命令，保存文档。切换到"index.html"文档编辑窗口中，如图4-57所示，选中图4-58所示的图片。

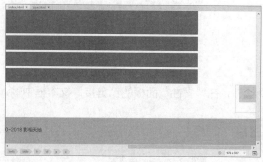

图4-57

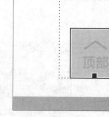

图4-58

**04** 在"属性"面板的"链接"文本框中输入"ziye.html#top1"，如图4-59所示。

图4-59

**05** 保存文档，按F12键预览网页效果。单击网页底部的图像超链接，如图4-60所示，页面将自动跳转到"ziye.html"并移动到插入ID标记的位置，如图4-61所示。

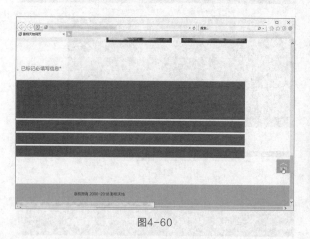

图4-60

图4-61

## 4.5.2 创建ID链接

若网页的内容很长，为了寻找一个主题，浏览者往往需要拖曳滚动条进行查看，非常不方便。Dreamweaver 2020提供了ID链接功能以快速定位到网页的不同位置。

### 1. 创建ID标记

（1）打开要加入ID标记的网页。

（2）将光标置入某一个主题内容处。

（3）在"属性"面板的"ID"文本框中输入一个名称（如"top"），如图4-62所示，建立ID标记。

图4-62

### 2. 建立ID链接

（1）选择链接对象，如某主题文字。

（2）在"属性"面板的"链接"文本框中直接输入"#ID名称"（如"#top"），如图4-63所示。

（3）按F12键预览网页的效果。

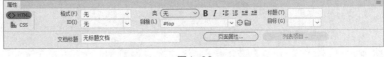

图4-63

# 课堂练习——创意设计网页

(练习知识要点) 使用"电子邮件链接"命令制作电子邮件链接效果，使用"浏览文件"按钮为文字制作下载文件链接效果，如图4-64所示。

(素材所在位置) 学习资源\Ch04\素材\创意设计网页\index.html。

(效果所在位置) 学习资源\Ch04\效果\创意设计网页\index.html。

图4-64

# 课后习题——建筑设计网页

(习题知识要点) 使用"鼠标经过图像"按钮为网页添加导航条效果，如图4-65所示。

(素材所在位置) 学习资源\Ch04\素材\建筑设计网页\index.html。

(效果所在位置) 学习资源\Ch04\效果\建筑设计网页\index.html。

图4-65

# 第 5 章

## 表格

**本章介绍**

表格是网页设计中非常有用的工具，它不仅可以将相关数据有序地排列在一起，还可以精确地定位文本、图像等元素在网页中的位置，使网页在形式上丰富多彩又条理清楚，在组织上井然有序又不显单调。使用表格进行页面布局的最大好处是即使浏览者改变计算机的分辨率也不会影响网页的浏览效果，因此表格是网站设计人员必须掌握的工具。

**学习目标**

- ●了解表格的组成元素
- ●掌握表格的插入方法
- ●掌握表格各元素属性的设置方法
- ●掌握在单元格中输入文本、插入其他网页元素的方法
- ●掌握选择整个表格、行或列、单元格的方法
- ●掌握复制、剪切、粘贴表格的方法
- ●掌握表格删除、调整的方法
- ●掌握单元格合并和拆分的方法
- ●掌握导出、导入表格数据和表格排序的方法

**技能目标**

- ●掌握租车网页的制作方法
- ●掌握典藏博物馆网页的制作方法

# 5.1 表格的简单操作

表格由若干行和列组成，行列交叉的区域为单元格。一般以单元格为单位来插入网页元素，也可以以行和列为单位来修改性质相同的单元格。注意，此处表格的功能和使用方法与文字处理软件中的表格不太一样。

## 5.1.1 课堂案例——租车网页

案例学习目标　使用"插入"面板的"HTML"选项卡中的按钮制作网页；使用"属性"面板设置文档，使页面更加美观。

案例知识要点　使用"Table"按钮插入表格进行页面布局，使用"Image"按钮插入图像，如图5-1所示。

效果所在位置　学习资源\Ch05\效果\租车网页\index.html。

图5-1

**01** 启动Dreamweaver 2020，新建一个空白文档。新建页面的初始名称是"Untitled-1.html"。选择"文件 > 保存"命令，弹出"另存为"对话框，在"保存在"下拉列表中选择站点目录保存路径，在"文件名"文本框中输入"index"，单击"保存"按钮，返回文档编辑窗口。

**02** 选择"文件 > 页面属性"命令，在弹出的"页面属性"对话框左侧的"分类"列表中选择"外观（CSS）"选项，将"大小"设置为14，"文本颜色"设置为白色，"左边距""右边距""上边距""下边距"均设置为0px，如图5-2所示。

**03** 在"分类"列表中选择"标题/编码"选项，在"标题"文本框中输入"租车网页"，如图5-3所示，单击"确定"按钮，完成页面属性的修改。

图5-2

图5-3

图5-4

图5-5

**04** 单击"插入"面板的"HTML"选项卡中的"Table"按钮▦，在弹出的"Table"对话框中进行设置，如图5-4所示，单击"确定"按钮，完成表格的插入。保持表格的选择状态，在"属性"面板的"Align"下拉列表中选择"居中对齐"选项，效果如图5-5所示。

**05** 选择"窗口 > CSS设计器"命令，弹出"CSS设计器"面板，如图5-6所示。单击"选择器"选项组中的"添加选择器"按钮＋，"选择器"选项组中出现文本框，输入名称".bj"，按Enter键确认，如图5-7所示。在"属性"选项组中单击"背景"按钮▩，切换到背景属性，单击"url"选项右侧的"浏览"按钮▤，在弹出的"选择图像源文件"对话框中，选择本书学习资源中的"Ch05\素材\租车网页\images\bj.jpg"文件；单击"确定"按钮，返回"CSS设计器"面板，单击"background-repeat"选项右侧的"repeat-x"按钮▦，如图5-8所示。

**06** 将光标置入第1行单元格中，在"属性"面板的"水平"下拉列表中选择"居中对齐"选项，"类"下拉列表中选择"bj"选项，将"高"设置为40。在该单元格中插入一个1行2列、宽为800像素的表格，如图5-9所示。

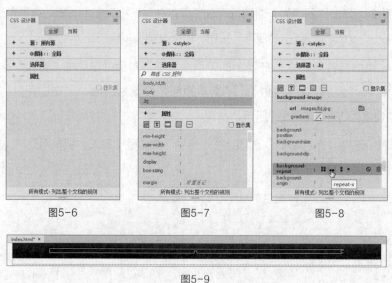

图5-6　　　　　　　　图5-7　　　　　　　　图5-8

图5-9

**07** 将光标置入刚插入表格的第1列单元格中，单击"插入"面板的"HTML"选项卡中的"Image"按钮▣，在弹出的"选择图像源文件"对话框中，选择本书学习资源中的"Ch05\素材\租车网页\images\logo.png"文件，单击"确定"按钮，完成图片的插入，如图5-10所示。

图5-10

**08** 将光标置入第2列单元格中，在"属性"面板的"水平"下拉列表中选择"右对齐"选项，在该单元格中输入文本，如图5-11所示。

图5-11

**09** 将光标置入主体表格的第2行单元格中，单击"插入"面板的"HTML"选项卡中的"Image"按钮 🖼，在弹出的"选择图像源文件"对话框中，选择本书学习资源中的"Ch05\素材\租车网页\images\pic_01.jpg"文件，单击"确定"按钮，完成图片的插入，如图5-12所示。

图5-12

**10** 将光标置入主体表格的第3行单元格中，单击"插入"面板的"HTML"选项卡中的"Image"按钮 🖼，在弹出的"选择图像源文件"对话框中，选择本书学习资源中的"Ch05\素材\租车网页\images\pic_02.jpg"文件，单击"确定"按钮，完成图片的插入，如图5-13所示。

图5-13

**11** 将光标置入主体表格的第4行单元格中，在"属性"面板的"水平"下拉列表中选择"居中对齐"选项，将"高"设置为220，"背景颜色"设置为蓝色（#4489cf）。单击"插入"面板的"HTML"选项卡中的"Image"按钮 🖼，在弹出的"选择图像源文件"对话框中，选择本书学习资源中的"Ch05\素材\租车网页\images\pic_03.png"文件，单击"确定"按钮，完成图片的插入，如图5-14所示。

图5-14

**12** 在"CSS设计器"面板中，单击"选择器"选项组中的"添加选择器"按钮 ✚，"选择器"选项组中出现文本框，输入名称".text"，按Enter键确认，如图5-15所示。在"属性"选项组中单击"文本"按钮 **T**，切换到文本属性，将"color"设置为灰色（#535353），如图5-16所示。

图5-15          图5-16

**13** 将光标置入主体表格的第5行单元格中，在"属性"面板的"水平"下拉列表中选择"居中对齐"选项，"类"下拉列表中选择"text"选项，将"高"设置为66，"背景颜色"设置为淡灰色（#e0dfdf），在该单元格中输入文本，效果如图5-17所示。

**14** 保存文档，按F12键预览网页效果，如图5-18所示。

图5-18

图5-17

## 5.1.2 表格的组成

  表格中包含行、列、单元格、表格标题等元素，如图5-19所示。

  表格元素所对应的HTML标签如下。

  <table> </table>：标志表格的开始和结束；通过设置它的常用属性，可以指定表格的高度、宽度、框线的宽度、背景图像、背景颜色、单元格间距、单元格边界和内容的距离，以及表格相对页面的对齐方式。

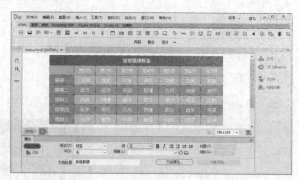

图5-19

  <tr> </tr>：标志表格的行；通过设置它的常用属性，可以指定行的背景图像、行的背景颜色、行的对齐方式。

  <td> </td>：标志单元格内的数据；通过设置它的常用属性，可以指定列的对齐方式、列的背景图像、

列的背景颜色、列的宽度、单元格垂直对齐方式等。

<caption> </caption>：标志表格的标题。

<th> </th>：标志表格的列名。

虽然Dreamweaver 2020允许用户在“设计”视图中直接操作行、列和单元格，但对于复杂的表格，是无法通过鼠标选择用户所需要的对象的。所以网站设计者必须了解表格元素的HTML标签的基本内容。

当选择了表格或表格中置入光标时，Dreamweaver 2020会显示表格的宽度和每列的列宽。宽度旁边是表格标题菜单与列标题菜单的箭头，如图5-20所示。

某班级课程表

| | 第1节 | 第2节 | 第3节 | 第4节 | 第5节 | 第6节 | 第7节 |
|---|---|---|---|---|---|---|---|
| 星期一 | 英语 | 数学 | 化学 | 语文 | 物理 | 几何 | 政治 |
| 星期二 | 语文 | 化学 | 英语 | 物理 | 几何 | 地理 | 数学 |
| 星期三 | 几何 | 物理 | 数学 | 语文 | 化学 | 英语 | 生物 |
| 星期四 | 化学 | 语文 | 几何 | 物理 | 政治 | 数学 | 英语 |
| 星期五 | 自习 | 数学 | 化学 | 英语 | 几何 | 语文 | 化学 |



图5-20

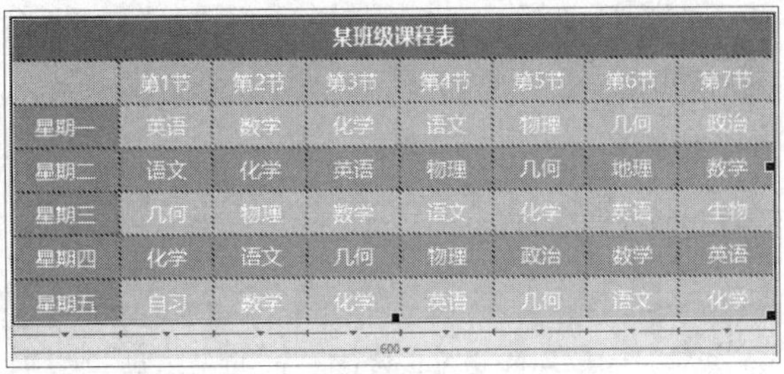

用户可以根据需要打开或关闭表格和列的宽度显示，打开或关闭表格和列的宽度显示有以下几种方法。

① 选择表格或在表格中置入光标，然后选择“查看 > 设计视图选项 > 可视化助理 > 表格宽度”命令。

② 用鼠标右键单击表格，在弹出的菜单中选择“表格 > 表格宽度”命令。

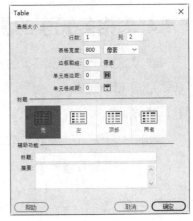

## 5.1.3 插入表格

要将相关数据有序地组织在一起，必须先插入表格，然后才能有效地组织数据。

插入表格的具体操作步骤如下。

（1）在文档编辑窗口中，将光标置入合适的位置。

（2）通过以下几种方法打开“Table”对话框，如图5-21所示。

图5-21

① 选择“插入 > Table”命令。

② 单击“插入”面板的“HTML”选项中的“Table”按钮 。

③ 按Ctrl+Alt+T组合键。

“Table”对话框中各选项的作用如下。

“表格大小”选项组：完成表格“行数”“列”，以及“表格宽度”“边框粗细”等选项的设置。

- “行数”选项：设置表格的行数。
- “列”选项：设置表格的列数。
- “表格宽度”选项：以像素为单位或以浏览器窗口宽度的百分比设置表格的宽度。
- “边框粗细”选项：以像素为单位设置表格边框的宽度；对于大多数浏览器来说，将此选项的值设置为1即可；如果用表格进行页面布局时，将此选项的值设置为0，浏览网页时就不显示表格的边框了。

- “单元格边距”选项：设置单元格边框与单元格内容之间的像素数；对于大多数浏览器来说，将此选项的值设置为1即可；如果用表格进行页面布局时，将此选项的值设置为0，则浏览网页时单元格边框与内容之间没有间距。
- “单元格间距”选项：设置相邻的单元格之间的像素数；对于大多数浏览器来说，将此选项的值设置为2即可；如果用表格进行页面布局时，将此选项的值设置为0，那么浏览网页时单元格之间没有间距。

“标题”选项：设置表格的标题，它显示在表格的外面。

“摘要”选项：对表格的说明，但是该文本不会显示在用户的浏览器中，仅在源代码中显示，可提高源代码的可读性。

可以通过图5-22所示的表来了解“Table”对话框选项的具体内容。

| 某班级课程表 | | | | | | | |
|---|---|---|---|---|---|---|---|
| | 第1节 | 第2节 | 第3节 | 第4节 | 第5节 | 第6节 | 第7节 |
| 星期一 | 英语 | 数学 | 化学 | 语文 | 物理 | 几何 | 政治 |
| 星期二 | 语文 | 化学 | 英语 | 物理 | 几何 | 地理 | 数学 |
| 星期三 | 几何 | 物理 | 数学 | 语文 | 化学 | 英语 | 生物 |
| 星期四 | 化学 | 语文 | 几何 | 物理 | 政治 | 数学 | 英语 |
| 星期五 | 自习 | 数学 | 化学 | 英语 | 几何 | 语文 | 化学 |

图5-22

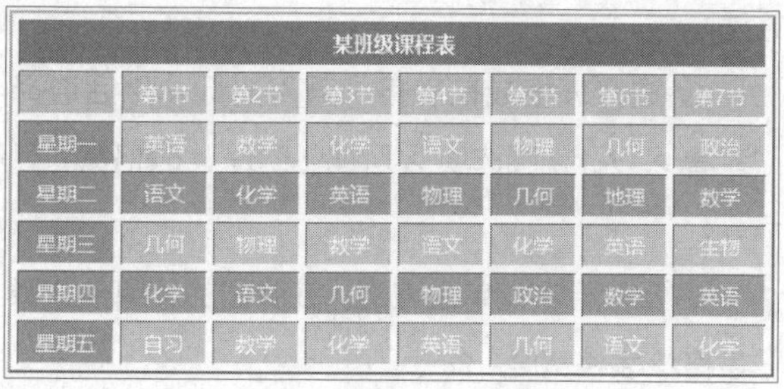

> **提示** 在“Table”对话框中，当“边框粗细”设置为0时，在窗口中不显示表格的边框。若要查看单元格和表格边框，可选择“查看 > 设计视图选项 > 可视化助理 > 表格边框”命令。

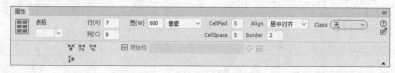

（3）根据需要选择新建表格的大小、行列数等，单击“确定”按钮，完成新建表格的设置。

## 5.1.4 表格各元素的属性

插入表格后，通过选择不同的表格对象，可以在“属性”面板中看到它们的各个属性，修改这些属性可以得到不同风格的表格。

### 1. 表格的属性

表格的“属性”面板如图5-23所示，各选项的作用如下。

图5-23

“表格”选项：用于标志表格。

“行”和“列”选项：用于设置表格中行和列的数目。

“宽”选项：以像素为单位或以浏览器窗口宽度的百分比来设置表格的宽度。

“CellPad”选项：也称单元格边距，是单元格内容和单元格边框之间的像素数；对于大多数浏览器来说，将此选项的值设置为1即可；如果用表格进行页面布局时将此选项的值设置为0，那么浏览网页时单元格边框与内容之间没有间距。

"CellSpace"选项：也称单元格间距，是相邻的单元格之间的像素数；对于大多数浏览器来说，将此选项的值设置为2即可；如果用表格进行页面布局时将此选项的值设置为0，那么浏览网页时单元格之间没有间距。

"Align"选项：表格在页面中相对于同一段落其他元素的显示位置。

"Border"选项：以像素为单位设置表格边框的宽度。

"Class"选项：设置表格样式。

"清除列宽"按钮 和"清除行高"按钮 ：从表格中删除所有明确指定的列宽或行高的数值。

"将表格宽度转换成像素"按钮 ：将表格每列宽度的单位转换成像素，还可将表格宽度的单位转换成像素。

"将表格宽度转换成百分比"按钮 ：将表格每列宽度的单位转换成百分比，还可将表格宽度的单位转换成百分比。

**提示** 如果没有明确指定单元格间距和单元格边距的值，则大多数浏览器按单元格边距为1、单元格间距为2显示表格。

## 2. 单元格和行或列的属性

单元格和行或列的"属性"面板如图5-24所示，各选项的作用如下。

图5-24

"合并所选单元格，使用跨度"按钮 ：将选择的多个单元格、行或列的单元格合并成一个单元格。

"拆分单元格为行或列"按钮 ：将选择的一个单元格拆分成多个单元格；一次只能对一个单元格进行拆分，若选择多个单元格，此按钮将被禁用。

"水平"选项：设置行或列中内容的水平对齐方式；在其下拉列表中包括"默认""左对齐""居中对齐""右对齐"4个选项，一般将标题行的所有单元格设置为"居中对齐"。

"垂直"选项：设置行或列中内容的垂直对齐方式；在其下拉列表中包括"默认""顶端""居中""底部""基线"5个选项，一般采用"居中"对齐方式。

"宽"和"高"选项：以像素为单位或以浏览器窗口宽度的百分比来设置表格的宽度和高度。

"不换行"选项：设置单元格文本是否换行，如果勾选"不换行"复选框，当输入的数据超出单元格的宽度时，会自动增加单元格的宽度来容纳数据。

"标题"选项：如果勾选该复选框，则会将行或列的每个单元格的格式设置为表格标题单元格的格式。

"背景颜色"选项：设置单元格的背景颜色。

## 5.1.5 在表格中插入内容

建立表格后，可以在表格中添加各种网页元素，如文本、图像和表格等。在表格中添加元素的操作非常简单，只需根据设计要求选择单元格，然后插入网页元素即可。一般当表格中插入内容后，表格的尺寸会随着内容的尺寸自动调整。当然，还可以利用单元格的属性来调整其内部元素的对齐方式和单元格的大小等。

### 1. 输入文本

在单元格中输入文本，有以下两种方法。

① 单击任意一个单元格并直接输入文本，此时单元格会随着文本的输入自动扩展。

② 粘贴来自其他文字编辑软件中复制的带有格式的文本。

### 2. 插入其他网页元素

（1）嵌套表格。

将光标置入一个单元格内并插入表格，即可实现嵌套表格。

（2）插入图像。

在表格中插入图像有以下4种方法。

① 将光标置入一个单元格中，单击"插入"面板的"HTML"选项卡中的"Image"按钮 。

② 将光标置入一个单元格中，选择"插入 > Image"命令。

③ 将光标置入一个单元格中，将"插入"面板的"HTML"选项卡中的"Image"按钮 拖曳到单元格内。

④ 从资源管理器、站点资源管理器或桌面上直接将图像文件拖曳到一个需要插入图像的单元格内。

## 5.1.6 选择表格元素

先选择表格元素，然后对其进行操作。用户一次可以选择整个表格、多行或多列，也可以选择一个或多个单元格。

### 1. 选择整个表格

选择整个表格有以下几种方法。

① 将鼠标指针放到表格的边缘，鼠标指针右下角出现田形状，如图5-25所示，单击即可选中整个表格，如图5-26所示。

图5-25

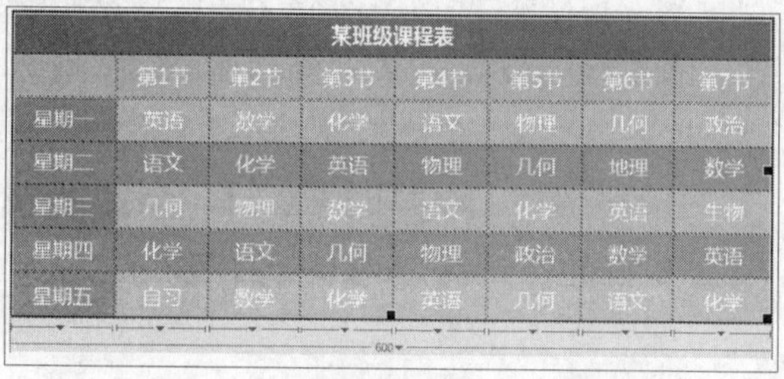

图5-26

② 将光标置入表格的任意单元格中，然后在文档编辑窗口左下角的标签栏中单击 table 标签，如图5-27所示。

③ 将光标置入表格中，然后选择"编辑 > 表格 > 选择表格"命令。

④ 在任意单元格中单击鼠标右键，在弹出的菜单中选择"表格 > 选择表格"命令，如图5-28所示。

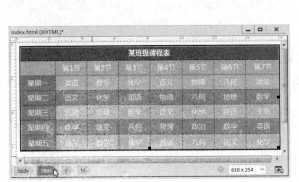

图5-27

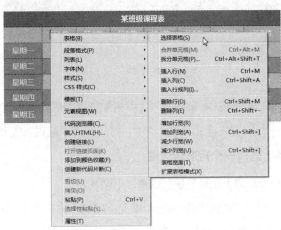

图5-28

## 2．选择行或列

（1）选择单行或单列。

定位鼠标指针，使其指向行的左边缘或列的上边缘，当鼠标指针出现向右或向下的箭头时单击，即可选择单行或单列，如图5-29和图5-30所示。

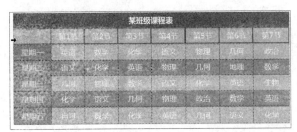

图5-29

图5-30

（2）选择多行或多列。

定位鼠标指针，使其指向行的左边缘或列的上边缘，当鼠标指针变为方向箭头时，直接拖曳鼠标或按住Ctrl键的同时单击行或列，即可选择多行或多列，如图5-31所示。

## 3．选择单元格

选择单元格有以下几种方法。

① 将光标置入表格中，然后在文档编辑窗口左下角的标签栏中单击 td 标签，如图5-32所示。

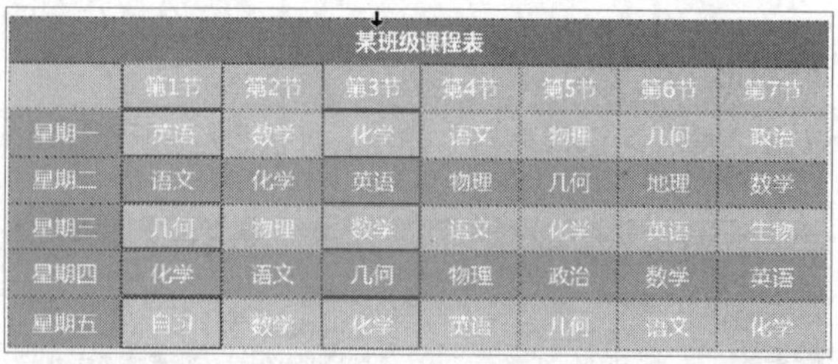

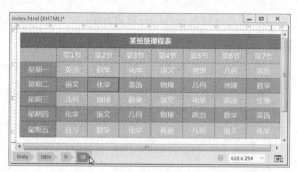

| 某班级课程表 | | | | | | | |
|---|---|---|---|---|---|---|---|
| | 第1节 | 第2节 | 第3节 | 第4节 | 第5节 | 第6节 | 第7节 |
| 星期一 | 英语 | 数学 | 化学 | 语文 | 物理 | 几何 | 政治 |
| 星期二 | 语文 | 化学 | 英语 | 物理 | 几何 | 地理 | 数学 |
| 星期三 | 几何 | 物理 | 数学 | 语文 | 化学 | 英语 | 生物 |
| 星期四 | 化学 | 语文 | 几何 | 物理 | 政治 | 数学 | 英语 |
| 星期五 | 自习 | 数学 | 化学 | 英语 | 几何 | 语文 | 化学 |

图5-31

| 某班级课程表 | | | | | | | |
|---|---|---|---|---|---|---|---|
| | 第1节 | 第2节 | 第3节 | 第4节 | 第5节 | 第6节 | 第7节 |
| 星期一 | 英语 | 数学 | 化学 | 语文 | 物理 | 几何 | 政治 |
| 星期二 | 语文 | 化学 | 英语 | 物理 | 几何 | 地理 | 数学 |
| 星期三 | 几何 | 物理 | 数学 | 语文 | 化学 | 英语 | 生物 |
| 星期四 | 化学 | 语文 | 几何 | 物理 | 政治 | 数学 | 英语 |
| 星期五 | 自习 | 数学 | 化学 | 英语 | 几何 | 语文 | 化学 |

图5-32

② 按住Ctrl键的同时，单击要选择的单元格即可将其选中。

③ 将光标置入单元格中，然后选择“编辑 > 全选”命令，选中光标所在的单元格。

### 4. 选择一个矩形块区域

选择一个矩形块区域有以下两种方法。

① 将鼠标指针从一个单元格向右下方拖曳到另一个单元格。如将鼠标指针从“星期一”单元格向右下方拖曳到“化学”单元格，得到图5-33所示的结果。

② 选择矩形块左上角对应的单元格，按住Shift键的同时单击矩形块右下角对应的单元格，这两个单元格定义的直线或矩形区域中的所有单元格都将被选中。

### 5. 选择不相邻的单元格

按住Ctrl键的同时单击单元格，即可选中不相邻的单元格，如图5-34所示，当再次单击选中的单元格时则取消对它的选择。

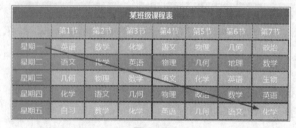

| 某班级课程表 | | | | | | | |
|---|---|---|---|---|---|---|---|
| | 第1节 | 第2节 | 第3节 | 第4节 | 第5节 | 第6节 | 第7节 |
| 星期一 | 英语 | 数学 | 化学 | 语文 | 物理 | 几何 | 政治 |
| 星期二 | 语文 | 化学 | 英语 | 物理 | 几何 | 地理 | 数学 |
| 星期三 | 几何 | 物理 | 数学 | 语文 | 化学 | 英语 | 生物 |
| 星期四 | 化学 | 语文 | 几何 | 物理 | 政治 | 数学 | 英语 |
| 星期五 | 自习 | 数学 | 化学 | 英语 | 几何 | 语文 | 化学 |

图5-33

| 某班级课程表 | | | | | | | |
|---|---|---|---|---|---|---|---|
| | 第1节 | 第2节 | 第3节 | 第4节 | 第5节 | 第6节 | 第7节 |
| 星期一 | 英语 | 数学 | 化学 | 语文 | 物理 | 几何 | 政治 |
| 星期二 | 语文 | 化学 | 英语 | 物理 | 几何 | 地理 | 数学 |
| 星期三 | 几何 | 物理 | 数学 | 语文 | 化学 | 英语 | 生物 |
| 星期四 | 化学 | 语文 | 几何 | 物理 | 政治 | 数学 | 英语 |
| 星期五 | 自习 | 数学 | 化学 | 英语 | 几何 | 语文 | 化学 |

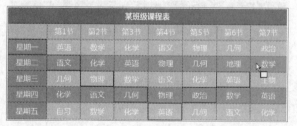

图5-34

## 5.1.7 复制、剪切、粘贴表格

在Dreamweaver 2020中，可以对表格中的多个单元格进行复制、剪切、粘贴操作，并保留原单元格的格式，也可以仅对单元格的内容进行操作。

### 1. 复制单元格

选择表格的一个或多个单元格后，选择“编辑 > 拷贝”命令，或按Ctrl+C组合键，将选择的内容复制到剪贴板中。剪贴板是由系统分配的暂时存放剪切和复制内容的特殊的内存区域。

### 2. 剪切单元格

选择表格的一个或多个单元格后，选择"编辑 > 剪切"命令，或按Ctrl+X组合键，将选择的内容剪切到剪贴板中。

> **提示** 必须选择连续的矩形区域，否则不能进行复制和剪切操作。

### 3. 粘贴单元格

将光标置入网页的适当位置，选择"编辑 > 粘贴"命令，或按Ctrl+V组合键，将当前剪贴板中包含格式的表格内容粘贴到光标所在位置。

### 4. 粘贴操作说明

① 只要剪贴板的内容和选择单元格的内容兼容，选择单元格的内容才会被替换。

② 如果在表格外粘贴，则剪贴板中的内容将作为一个新表格出现，如图5-35所示。

③ 还可以进行选择性粘贴，先选择"编辑 > 拷贝"命令进行复制，然后选择"编辑 > 选择性粘贴"命令，弹出"选择性粘贴"对话框，如图5-36所示，设置完成后单击"确定"按钮，进行粘贴。

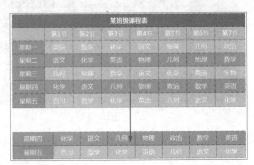
图5-35

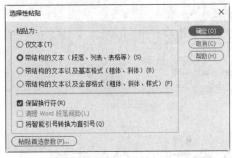
图5-36

## 5.1.8 删除表格

删除表格的操作包括清除表格内容、删除行或列。

### 1. 清除表格内容

选择表格中要清除内容的区域后，可使用以下两种方法清除表格内容。

① 按Delete键即可清除所选区域的内容。

② 按Backspace键即可清除所选区域的内容。

### 2. 删除行或列

选择表格中要删除的行或列后，可使用以下操作方法删除行或列。

① 选择"编辑 > 表格 > 删除行"命令，或按Ctrl+Shift+M组合键，删除选择区域所在的行。

② 选择"编辑 > 表格 > 删除列"命令，或按Ctrl+Shift+ － 组合键，删除选择区域所在的列。

## 5.1.9 调整表格

创建表格后，可根据需要缩放表格、修改行高和列宽。

### 1. 缩放表格

缩放表格有以下两种方法。

① 将鼠标指针放在选中表格的边框上，当鼠标指针变为⇹形状时，左右拖曳边框，可以实现表格的缩放，如图5-37所示。

② 选中表格，直接修改“属性”面板中的“宽”选项。

### 2. 修改行高或列宽

修改行高或列宽有以下两种方法。

① 直接拖曳鼠标。要改变行高，可上下拖曳行的底边线；要改变列宽，可左右拖曳列的右边线，如图5-38所示。

② 输入行高或列宽的值。在“属性”面板中直接输入选择的单元格所在行或列的行高或列宽的值。

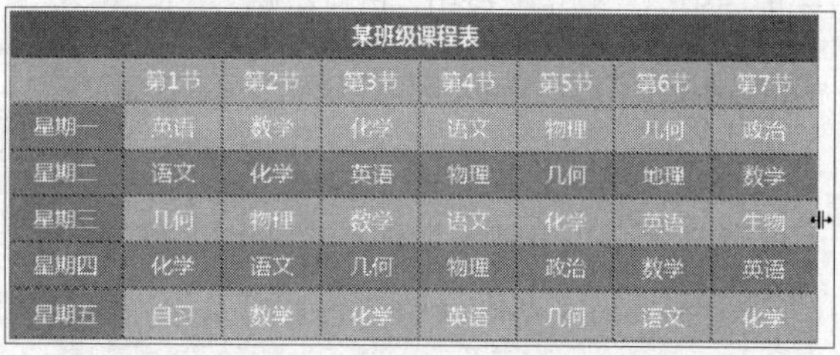

| 某班级课程表 | | | | | | | |
|---|---|---|---|---|---|---|---|
| | 第1节 | 第2节 | 第3节 | 第4节 | 第5节 | 第6节 | 第7节 |
| 星期一 | 英语 | 数学 | 化学 | 语文 | 物理 | 几何 | 政治 |
| 星期二 | 语文 | 化学 | 英语 | 物理 | 几何 | 地理 | 数学 |
| 星期三 | 几何 | 物理 | 数学 | 语文 | 化学 | 英语 | 生物 |
| 星期四 | 化学 | 语文 | 几何 | 物理 | 政治 | 数学 | 英语 |
| 星期五 | 自习 | 数学 | 化学 | 英语 | 几何 | 语文 | 化学 |

图5-37

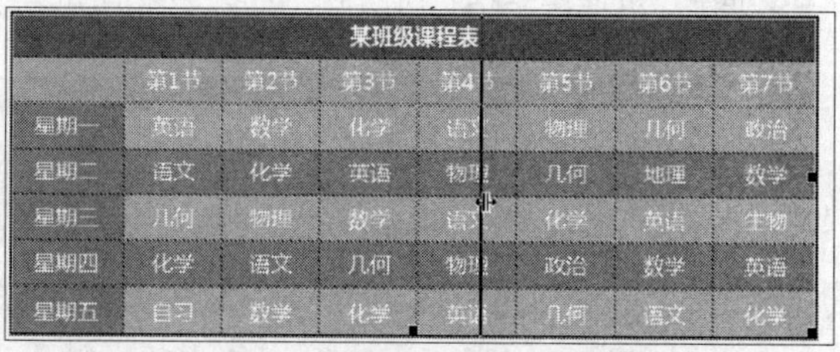

| 某班级课程表 | | | | | | | |
|---|---|---|---|---|---|---|---|
| | 第1节 | 第2节 | 第3节 | 第4节 | 第5节 | 第6节 | 第7节 |
| 星期一 | 英语 | 数学 | 化学 | 语文 | 物理 | 几何 | 政治 |
| 星期二 | 语文 | 化学 | 英语 | 物理 | 几何 | 地理 | 数学 |
| 星期三 | 几何 | 物理 | 数学 | 语文 | 化学 | 英语 | 生物 |
| 星期四 | 化学 | 语文 | 几何 | 物理 | 政治 | 数学 | 英语 |
| 星期五 | 自习 | 数学 | 化学 | 英语 | 几何 | 语文 | 化学 |

图5-38

## 5.1.10 合并和拆分单元格

有的表格项需要占用多行或多列来说明，这时需要将多个单元格合并，生成一个跨多个列或行的单元格，如图5-39所示。

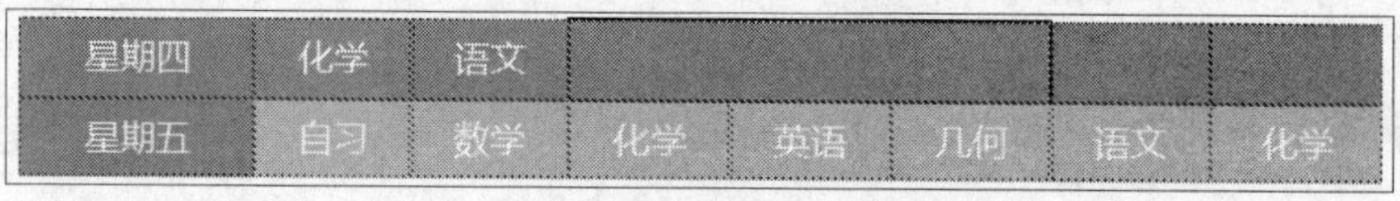

| | | | | | | | |
|---|---|---|---|---|---|---|---|
| 星期四 | 化学 | 语文 | | | | | |
| 星期五 | 自习 | 数学 | 化学 | 英语 | 几何 | 语文 | 化学 |

图5-39

### 1. 合并单元格

选择连续的单元格后，可将它们合并成一个单元格。合并单元格有以下几种方法。

① 按Ctrl+Alt+M组合键。

② 选择“编辑 > 表格 > 合并单元格”命令。

③ 在“属性”面板中，单击“合并所选单元格，使用跨度”按钮▭。

提示 合并前的多个单元格的内容将合并到一个单元格中。不相邻的单元格不能合并，并且应保证其为矩形的单元
格区域。

### 2. 拆分单元格

有时为了满足用户的需求，要将一个单元格分成多个单元格以详细显示不同的内容，这时就必须将单元
格进行拆分。

拆分单元格的具体操作步骤如下。

（1）选择一个要拆分的单元格。

（2）通过以下几种方法打开"拆分单元格"对话框，如图5-40所示。

① 按Ctrl+Shift+Alt+T组合键。

② 选择"编辑 > 表格 > 拆分单元格"命令。

③ 在"属性"面板中，单击"拆分单元格为行或列"按钮 。

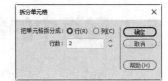

图5-40

"拆分单元格"对话框中各选项的作用如下。

"把单元格拆分成"选项组：设置是按行还是按列拆分单元格，它包括"行"和"列"两个选项。

"行数"或"列数"选项：设置将指定单元格拆分成的行数或列数。

（3）根据需要进行设置，单击"确定"按钮，完成单元格的拆分。

## 5.1.11 添加表格的行和列

在实际工作中，表格中的项目有时需要做相应的调整，通过选择"修改 > 表格"中的子菜单命令，可
添加行或列。

### 1. 插入单行或单列

选择一个单元格后，可以在该单元格的上下或左右插入一行或一列。

插入单行或单列有以下几种方法。

（1）插入单行。

① 选择"编辑 > 表格 > 插入行"命令，在所选行的上面插入一行。

② 按Ctrl+M组合键，在所选行的上面插入一行。

（2）插入单列。

① 选择"编辑 > 表格 > 插入列"命令，在所选列的左侧插入一列。

② 按Ctrl+Shift+A组合键，在所选列的左侧插入一列。

### 2. 插入多行或多列

选中一个单元格，选择"编辑 > 表格 > 插入行或列"命令，弹出"插入行或列"对话框，根据需要
进行设置，可实现在所选行的上面或下面插入多行，如图5-41所示；在所选列之前或之后插入多列，如图
5-42所示。

"插入行或列"对话框中各选项的作用如下。

"插入"选项组：设置是插入行还是列，包括"行"和"列"两个选项。

"行数"或"列数"选项：设置要插入行或列的数目。

图5-41　　　　　　　图5-42

"位置"选项组：设置新行或新列相对于所选单元格所在行或列的位置。

> **提示**　在表格的最后一个单元格中按Tab键会自动在表格的下方添加一行。

# 5.2 网页中的数据表格

在实际工作中，有时需要将其他程序（如Excel、Access）建立的表格数据导入网页中，在Dreamweaver 2020中，利用"导入表格式数据"命令可以很容易地实现这一功能。

Dreamweaver 2020提供了对表格进行排序的功能，还可以根据一列的内容来完成一次简单的表格排序，也可以根据两列的内容来完成一次较复杂的排序。

## 5.2.1 课堂案例——典藏博物馆网页

**案例学习目标**　使用"文件"菜单导入外部表格数据，使用"编辑"菜单将表格的数据排序。

**案例知识要点**　使用"表格式数据"命令导入外部表格式数据，使用"属性"面板改变单元格的宽度、高度和对齐方式，使用"CSS设计器"面板控制文字的大小和颜色，使用"排序表格"命令对表格数据进行排序，如图5-43所示。

**效果所在位置**　学习资源\Ch05\效果\典藏博物馆网页\index.html。

图5-43

### 1. 导入表格数据

**01** 选择"文件 > 打开"命令，在弹出的"打开"对话框中，选择本书学习资源中的"Ch05\素材\典藏博物馆网页\index.html"文件，单击"打开"按钮打开文件，如图5-44所示。将光标置入要导入表格数据的位置，如图5-45所示。

图5-44

图5-45

**02** 选择"文件 > 导入 > 表格式数据"命令，弹出"导入表格式数据"对话框。单击"数据文件"文本框右侧的"浏览"按钮，弹出"打开"对话框，选择本书学习资源中的"Ch05\素材\典藏博物馆网页\SJ.txt"文件，单击"打开"按钮，返回到"导入表格式数据"对话框中，如图5-46所示。单击"确定"按钮，导入表格式数据，效果如图5-47所示。

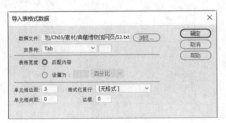
图5-46

图5-47

**03** 保持表格的选择状态，在"属性"面板中，将"宽"设置为800，效果如图5-48所示。

| 全部活动 | | | |
| --- | --- | --- | --- |
| 活动标题 | 时间 | 地点 | 人数 |
| 【纪录片欣赏】春蚕 | 10-13 周六 14:00-16:00 | 观众活动中心 | 50人 |
| 【专题讲座】夏衍：世纪的同龄人 | 10-13 周六 10:00-12:00 | 观众活动中心 | 120人 |
| 【专题导览】货币艺术 | 10-19 周五 15:00-16:00 | 观众活动中心 | 100人 |
| 【专题讲座】内蒙古博物院 | 10-27 周六 14:00-16:00 | 观众活动中心 | 150人 |
| 【纪录片欣赏】风云儿女 | 10-28 周日 14:00-16:00 | 观众活动中心 | 113人 |

图5-48

**04** 将第1列单元格全选，如图5-49所示。在"属性"面板中，将"宽"设置为260，"高"设置为35，效果如图5-50所示。

| 活动标题 | 时间 | 地点 | 人数 |
| --- | --- | --- | --- |
| 【纪录片欣赏】春蚕 | 10-13 周六 14:00-16:00 | 观众活动中心 | 50人 |
| 【专题讲座】夏衍：世纪的同龄人 | 10-13 周六 10:00-12:00 | 观众活动中心 | 120人 |
| 【专题导览】货币艺术 | 10-19 周五 15:00-16:00 | 观众活动中心 | 100人 |
| 【专题讲座】内蒙古博物院 | 10-27 周六 14:00-16:00 | 观众活动中心 | 150人 |
| 【纪录片欣赏】风云儿女 | 10-28 周日 14:00-16:00 | 观众活动中心 | 113人 |

图5-49

| 活动标题 | 时间 | 地点 | 人数 |
| --- | --- | --- | --- |
| 【纪录片欣赏】春蚕 | 10-13 周六 14:00-16:00 | 观众活动中心 | 50人 |
| 【专题讲座】夏衍：世纪的同龄人 | 10-13 周六 10:00-12:00 | 观众活动中心 | 120人 |
| 【专题导览】货币艺术 | 10-19 周五 15:00-16:00 | 观众活动中心 | 100人 |
| 【专题讲座】内蒙古博物院 | 10-27 周六 14:00-16:00 | 观众活动中心 | 150人 |
| 【纪录片欣赏】风云儿女 | 10-28 周日 14:00-16:00 | 观众活动中心 | 113人 |

图5-50

**05** 选中第2列所有单元格,在"属性"面板的"水平"下拉列表中选择"居中对齐"选项,将"宽"设置为220。选中第3列和第4列所有单元格,在"属性"面板的"水平"下拉列表中选择"居中对齐"选项,将"宽"设置为160,效果如图5-51所示。

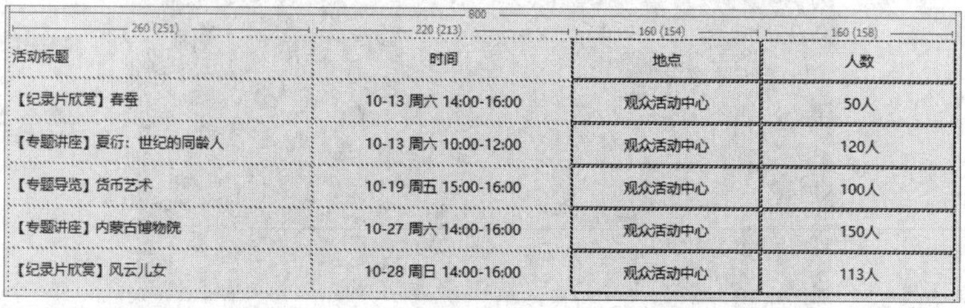

| 活动标题 | 时间 | 地点 | 人数 |
|---|---|---|---|
| 【纪录片欣赏】春蚕 | 10-13 周六 14:00-16:00 | 观众活动中心 | 50人 |
| 【专题讲座】夏衍:世纪的同龄人 | 10-13 周六 10:00-12:00 | 观众活动中心 | 120人 |
| 【专题导览】货币艺术 | 10-19 周五 15:00-16:00 | 观众活动中心 | 100人 |
| 【专题讲座】内蒙古博物院 | 10-27 周六 14:00-16:00 | 观众活动中心 | 150人 |
| 【纪录片欣赏】风云儿女 | 10-28 周日 14:00-16:00 | 观众活动中心 | 113人 |

图5-51

**06** 选择"窗口 > CSS设计器"命令,弹出"CSS设计器"面板,如图5-52所示。在"源"选项组中选择"<style>"选项;单击"选择器"选项组中的"添加选择器"按钮,在"选择器"选项组的文本框中输入".bt",按Enter键确认,如图5-53所示。在"属性"选项组中单击"文本"按钮,切换到文本属性,将"color"设置为褐色(#5b5b43),"font-size"设置为18px,如图5-54所示。

图5-52

图5-53

图5-54

**07** 选中文本"活动标题",如图5-55所示。在"属性"面板的"类"下拉列表中选择"bt"选项,应用样式,效果如图5-56所示。用相同的方法为其他文本应用样式,效果如图5-57所示。

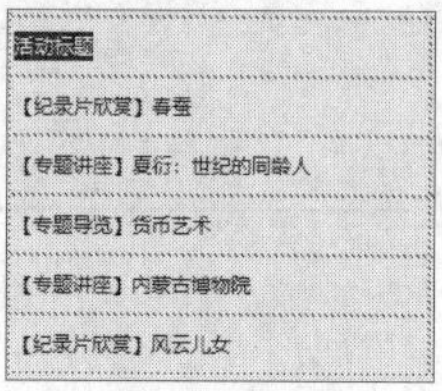

图5-55

图5-56

图5-57

**08** 在"CSS设计器"面板中,单击"选择器"选项组中的"添加选择器"按钮,在"选择器"选项组的文本框中输入".text",按Enter键确认,效果如图5-58所示。在"属性"选项组中单击"文本"按钮,切换到文本属性,将"color"设置为褐色(#7b7b60),如图5-59所示。

图5-58

图5-59

**09** 选中图5-60所示的单元格区域，在"属性"面板的"类"下拉列表中选择"text"选项，应用样式，效果如图5-61所示。

| 活动标题 | 时间 | 地点 | 人数 |
|---|---|---|---|
| 【纪录片欣赏】春蚕 | 10-13 周六 14:00-16:00 | 观众活动中心 | 50人 |
| 【专题讲座】夏衍：世纪的同龄人 | 10-13 周六 10:00-12:00 | 观众活动中心 | 120人 |
| 【专题导览】货币艺术 | 10-19 周五 15:00-16:00 | 观众活动中心 | 100人 |
| 【专题讲座】内蒙古博物院 | 10-27 周六 14:00-16:00 | 观众活动中心 | 150人 |
| 【纪录片欣赏】风云儿女 | 10-28 周日 14:00-16:00 | 观众活动中心 | 113人 |

图5-60

| 活动标题 | 时间 | 地点 | 人数 |
|---|---|---|---|
| 【纪录片欣赏】春蚕 | 10-13 周六 14:00-16:00 | 观众活动中心 | 50人 |
| 【专题讲座】夏衍：世纪的同龄人 | 10-13 周六 10:00-12:00 | 观众活动中心 | 120人 |
| 【专题导览】货币艺术 | 10-19 周五 15:00-16:00 | 观众活动中心 | 100人 |
| 【专题讲座】内蒙古博物院 | 10-27 周六 14:00-16:00 | 观众活动中心 | 150人 |
| 【纪录片欣赏】风云儿女 | 10-28 周日 14:00-16:00 | 观众活动中心 | 113人 |

图5-61

**10** 按住Ctrl键的同时选中图5-62所示的行，在"属性"面板中，将"背景颜色"设置为灰色（#dcdcda），效果如图5-63所示。

| 活动标题 | 时间 | 地点 | 人数 |
|---|---|---|---|
| 【纪录片欣赏】春蚕 | 10-13 周六 14:00-16:00 | 观众活动中心 | 50人 |
| 【专题讲座】夏衍：世纪的同龄人 | 10-13 周六 10:00-12:00 | 观众活动中心 | 120人 |
| 【专题导览】货币艺术 | 10-19 周五 15:00-16:00 | 观众活动中心 | 100人 |
| 【专题讲座】内蒙古博物院 | 10-27 周六 14:00-16:00 | 观众活动中心 | 150人 |
| 【纪录片欣赏】风云儿女 | 10-28 周日 14:00-16:00 | 观众活动中心 | 113人 |

图5-62

| 活动标题 | 时间 | 地点 | 人数 |
|---|---|---|---|
| 【纪录片欣赏】春蚕 | 10-13 周六 14:00-16:00 | 观众活动中心 | 50人 |
| 【专题讲座】夏衍：世纪的同龄人 | 10-13 周六 10:00-12:00 | 观众活动中心 | 120人 |
| 【专题导览】货币艺术 | 10-19 周五 15:00-16:00 | 观众活动中心 | 100人 |
| 【专题讲座】内蒙古博物院 | 10-27 周六 14:00-16:00 | 观众活动中心 | 150人 |
| 【纪录片欣赏】风云儿女 | 10-28 周日 14:00-16:00 | 观众活动中心 | 113人 |

图5-63

**11** 保存文档，按F12键预览网页效果，如图5-64所示。

图5-64

## 2. 排序表格

**01** 选中图5-65所示的表格，选择"编辑 > 表格 > 排序表格"命令，弹出"排序表格"对话框，如图5-66所示。在"排序按"下拉列表中选择"列1"选项，在"顺序"下拉列表中选择"按字母顺序"选项，在后面的下拉列表中选择"降序"选项，如图5-67所示。单击"确定"按钮，对表格进行排序，效果如图5-68所示。

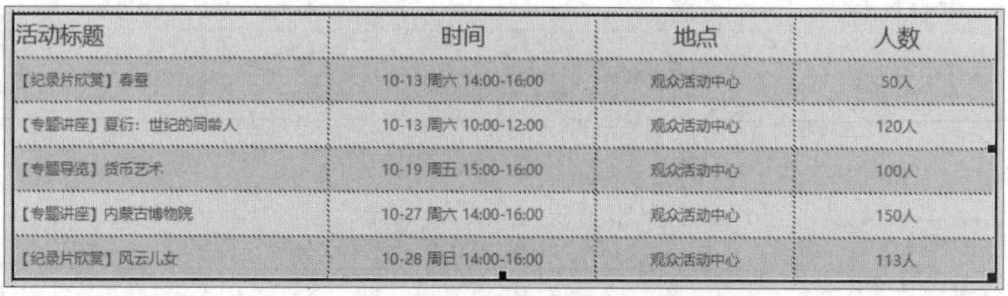

| 活动标题 | 时间 | 地点 | 人数 |
|---|---|---|---|
| 【纪录片欣赏】春蚕 | 10-13 周六 14:00-16:00 | 观众活动中心 | 50人 |
| 【专题讲座】夏行：世纪的同龄人 | 10-13 周六 10:00-12:00 | 观众活动中心 | 120人 |
| 【专题导览】货币艺术 | 10-19 周五 15:00-16:00 | 观众活动中心 | 100人 |
| 【专题讲座】内蒙古博物院 | 10-27 周六 14:00-16:00 | 观众活动中心 | 150人 |
| 【纪录片欣赏】风云儿女 | 10-28 周日 14:00-16:00 | 观众活动中心 | 113人 |

图5-65

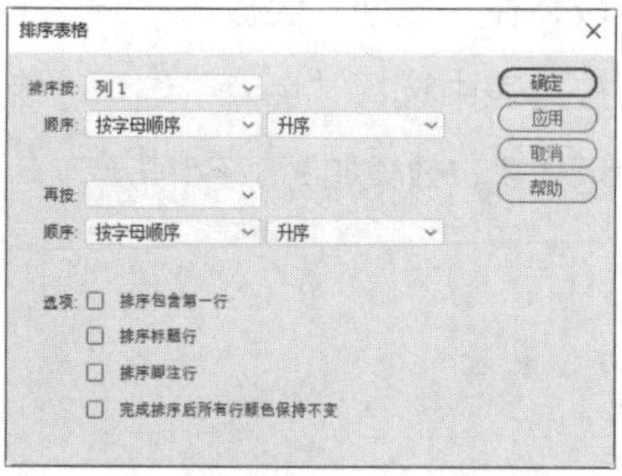

图5-66

图5-67

| 活动标题 | 时间 | 地点 | 人数 |
|---|---|---|---|
| 【专题讲座】夏行：世纪的同龄人 | 10-13 周六 10:00-12:00 | 观众活动中心 | 120人 |
| 【专题讲座】内蒙古博物院 | 10-27 周六 14:00-16:00 | 观众活动中心 | 150人 |
| 【专题导览】货币艺术 | 10-19 周五 15:00-16:00 | 观众活动中心 | 100人 |
| 【纪录片欣赏】风云儿女 | 10-28 周日 14:00-16:00 | 观众活动中心 | 113人 |
| 【纪录片欣赏】春蚕 | 10-13 周六 14:00-16:00 | 观众活动中心 | 50人 |

图5-68

**02** 保存文档，按F12键预览网页效果，如图5-69所示。

图5-69

## 5.2.2 导出和导入表格中的数据

若要将一个网页的表格导入其他网页或Word文档中，需先将网页内的表格数据导出，然后将其导入其他网页或切换并导入Word文档中。

### 1. 将网页内的表格数据导出

选择"文件 > 导出 > 表格"命令，弹出图5-70所示的"导出表格"对话框，根据需要设置参数，单击"导出"按钮，弹出"表格导出为"对话框，输入保存导出数据的文件名称，单击"保存"按钮完成设置。

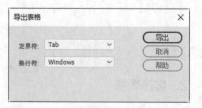

图5-70

"导出表格"对话框中各选项的作用如下。

"定界符"选项：设置导出文件所使用的分隔符。

"换行符"选项：设置打开导出文件的操作系统。

**2. 在其他网页中导入表格数据**

首先要打开"导入表格式数据"对话框，如图5-71所示，然后根据需要进行设置，最后单击"确定"按钮，完成设置。

可以通过选择"文件 > 导入 > 表格式数据"命令打开"导入表格式数据"对话框。

"导入表格式数据"对话框中各选项的作用如下。

"数据文件"选项：单击"浏览"按钮，选择要导入的文件。

"定界符"选项：设置正在导入的表格文件所使用的分隔符，包括"Tab""逗点"等选项，如果选择"其他"选项，则在选项右侧的文本框中输入导入文件使用的分隔符，如图5-72所示。

图5-71

图5-72

"表格宽度"选项组：设置将要创建的表格的宽度。

"单元格边距"选项：以像素为单位设置单元格内容与单元格边框之间的距离。

"单元格间距"选项：以像素为单位设置相邻单元格之间的距离。

"格式化首行"选项：设置应用于表格首行的格式，在下拉列表中有"无格式""粗体""斜体""加粗斜体"选项。

"边框"选项：设置表格边框的宽度。

# 5.2.3　排序表格

在日常工作中，常常需要对无序的表格内容进行排序，以便浏览者可以快速找到所需的数据，表格排序功能可以为网站设计者解决这一难题。

将光标置入要排序的表格中，然后选择"编辑 > 表格 > 排序表格"命令，弹出"排序表格"对话框，如图5-73所示。根据需要设置相应选项，单击"应用"按钮后单击"确定"按钮完成设置。

"排序表格"对话框中各选项的作用如下。

"排序按"选项：设置表格按哪列的值进行排序。

"顺序"选项：设置是按字母还是按数字顺序，以及是以升序（从A到Z或从小数字到大数字）还是降序进行排序；当列的内容是数

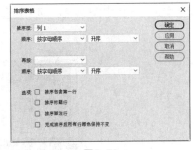
图5-73

字时选择"按数字顺序"选项；如果"按字母顺序"对一组由一位或两位数字组成的数进行排序，则会将这些数字作为单词按照从左到右的方式进行排序，而不是按数字大小进行排序；如1、2、3、10、20、30，若按字母升序排序，则结果为1、10、2、20、3、30；若按数字升序排序，则结果为1、2、3、10、20、30。

"再按"和"顺序"选项：按第一种排序方法排序后，当排序的列中出现相同的结果时按第二种排序方法排序；可以在这两个选项中设置第二种排序方法，设置方法与第一种排序的设置方法相同。

"选项"选项组：设置是否将标题行、脚注行等一起进行排序。

● "排序包含第一行"选项：设置表格的第一行是否应该排序，如果第一行是不应移动的标题，则不勾选此复选框。

● "排序标题行"选项：设置是否对标题行进行排序。

● "排序脚注行"选项：设置是否对脚注行进行排序。

● "完成排序后所有行颜色保持不变"选项：设置排序的结果是否保持原行的颜色值；如果表格行使用两种交替的颜色，则不要勾选此复选框以确保排序后的表格仍具有颜色交替的行；如果行属性特定于每行的内容，则勾选此复选框以确保这些属性保持与排序后表格中正确的行关联在一起。

按图5-73所示进行设置，表格内容经排序后的效果如图5-74所示。

| 姓名 | 语文 | 数学 | 英语 |
|---|---|---|---|
|  | 80 | 90 | 100 |
|  | 85 | 93 | 92 |
|  | 90 | 90 | 60 |

原表格

| 姓名 | 语文 | 数学 | 英语 |
|---|---|---|---|
|  | 85 | 93 | 92 |
|  | 90 | 90 | 60 |
|  | 80 | 90 | 100 |

排序后表格

图5-74

**提示** 有合并的单元格的表格是不能使用"排序表格"命令进行排序的。

# 5.3 表格的嵌套

当一个表格无法对网页元素进行复杂的定位时，需要在表格的一个单元格中继续插入表格，这叫作表格的嵌套。单元格中的表格是内嵌入式表格，通过内嵌入式表格可以将一个单元格再分成许多行和列，而且可以无限地插入内嵌入式表格。但是内嵌入式表格越多，下载页面的时间越长，因此内嵌入式的表格最多不要超过3层。包含嵌套表格的网页如图5-75所示。

图5-75

## 课堂练习——火锅餐厅网页

练习知识要点 使用"Table"按钮插入表格，使用"Image"按钮插入图像，使用"CSS"命令为单元格添加背景图像并调整文本大小和字体，如图5-76所示。

素材所在位置 学习资源\Ch05\素材\火锅餐厅网页\images。

效果所在位置 学习资源\Ch05\效果\火锅餐厅网页\index.html。

图5-76

## 课后习题——绿色粮仓网页

习题知识要点 使用"导入表格式数据"命令导入外部表格数据，使用"属性"面板改变表格的高度和对齐方式，如图5-77所示。

素材所在位置 学习资源\Ch05\素材\绿色粮仓网页\index.html。

效果所在位置 学习资源\Ch05\效果\绿色粮仓网页\index.html。

图5-77

# 第 6 章

# ASP

## 本章介绍

本章主要介绍ASP动态网页基础知识和内置对象。通过对本章的学习，读者可以掌握ASP的基本操作。

## 学习目标

- 掌握ASP服务器的运行环境及安装IIS的方法
- 掌握ASP语法基础知识及数组的创建与应用方法
- 掌握VBScript选择和循环语句的应用
- 掌握Request对象的应用
- 掌握Server对象的应用

## 技能目标

- 掌握建筑信息资讯网页的制作方法
- 掌握网球俱乐部网页的制作方法

# 6.1 ASP动态网页基础

　　ASP（Active Server Pages）是微软公司于1996年底推出的Web应用程序开发技术，其主要功能是为生成动态交互的Web服务器应用程序提供功能强大的方法和技术。ASP既不是一种语言，也不是一种开发工具，而是一种技术框架，是位于服务器端的脚本运行环境。

## 6.1.1 课堂案例——建筑信息资讯网页

`案例学习目标` 使用日期函数显示当前系统时间。

`案例知识要点` 使用"拆分"按钮和"设计"按钮切换视图，使用函数Now()显示当前系统日期和时间，如图6-1所示。

`效果所在位置` 学习资源\Ch06\效果\建筑信息资讯网页\index.asp。

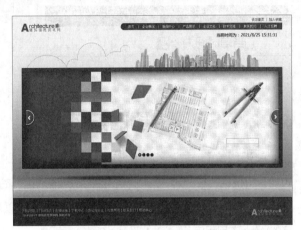

图6-1

**01** 选择"文件 > 打开"命令，在弹出的"打开"对话框中选择本书学习资源中的"Ch06\素材\建筑信息资讯网页\index.asp"文件，单击"打开"按钮，效果如图6-2所示。将光标置入图6-3所示的单元格。

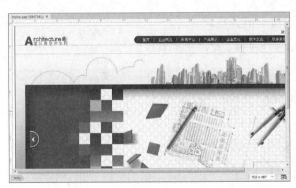

图6-2

图6-3

**02** 单击"文档"工具栏中的"拆分"按钮 `拆分`，进入"拆分"视图。此时光标位于单元格标签中，如图6-4所示。输入文本和代码"当前时间为：<%=Now()%>"，如图6-5所示。

```
21 ▼      <tr>
22          <td width="73%" height="30"> </td>
23          <td width="27%"> </td>
24      </tr>
```

图6-4

```
21 ▼      <tr>
22          <td width="73%" height="30"> </td>
23          <td width="27%">当前时间为：<%=Now()%></td
24      </tr>
```

图6-5

**03** 单击"文档"工具栏中的"设计"按钮 设计 ，返回"设计"视图，效果如图6-6所示。保存文档，在IIS（Internet Information Services）中浏览页面，效果如图6-7所示。

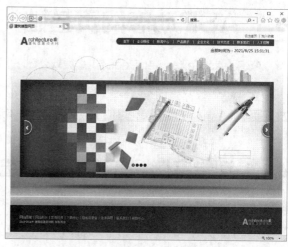

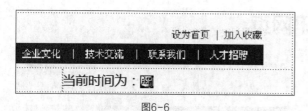

图6-6

图6-7

## 6.1.2 ASP服务器的安装

ASP创建了一种服务器端脚本编写环境，其主要功能是把脚本语言、HTML、组件和Web数据库访问功能有机地结合在一起，形成一个能在服务器端运行的应用程序，该应用程序可根据来自浏览器端的请求生成相应的HTML文件并回送给浏览器。使用ASP可以创建以HTML网页作为用户界面，并能够与数据库交互的Web应用程序。

### 1. ASP的运行环境

ASP程序是在服务器端运行的，因此必须在服务器上安装相应的Web服务器软件。下面介绍不同Windows操作系统下ASP的运行环境。

（1）Windows 2000 Server / Professional操作系统。

在Windows 2000 Server / Professional操作系统下安装并运行IIS 5.0。

（2）Windows XP Professional操作系统。

在Windows XP Professional操作系统下安装并运行IIS 5.1。

（3）Windows Server 2003操作系统。

在Windows Server 2003操作系统下安装并运行IIS 6.0。

（4）Windows Vista / Windows Server 2008 / Windows 7 / Windows 10操作系统。

在Windows Vista / Windows Server 2008/ Windows 7 / Windows 10操作系统下安装并运行IIS 7.0。

### 2. 安装IIS

IIS是微软公司提供的一种互联网基本服务，已经被作为组件集成在Windows操作系统中。如果服务器安装的是Windows Server 2000或Windows Server 2003等操作系统，则在安装系统时会自动安装相应版本的IIS。如果安装的是Windows 7或Windows 10等操作系统，默认情况下不会安装IIS，这时需要进行手动安装。

（1）选择"开始 > Windows系统 > 控制面板"命令，打开"控制面板"窗口，单击"程序"图标，进入"程序"窗口，单击"启用或关闭Windows功能"链接，如图6-8所示，弹出"Windows功能"窗口。在"Internet Information Services"下勾选相应的Windows功能，如图6-9所示。

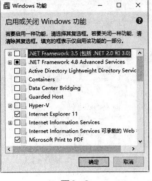

图6-8

图6-9

（2）设置完成后，单击"确定"按钮，系统会自动添加勾选的功能，如图6-10所示。

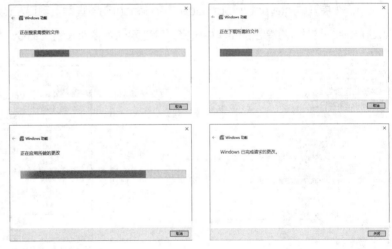

图6-10

（3）安装完成后，需要对IIS进行简单的设置。单击"程序"窗口左上方的"控制面板主页"链接，进入"所有控制面板项"窗口，如图6-11所示。

图6-11

（4）单击控制面板中的"管理工具"图标，在弹出的窗口中双击"Internet Information Services(IIS)管理器"图标，如图6-12所示。

（5）在弹出的"Internet Information Services(IIS)管理器"窗口中双击"ASP"图标，如图6-13所示。

图6-12

图6-13

（6）将"启用父路径"设置为"True"，如图6-14所示。

（7）展开"Internet Information Services(IIS)管理器"窗口左侧的列表，用鼠标右键单击"Default Web Site"选项，在弹出的菜单中选择"管理网站 > 高级设置"命令，如图6-15所示。

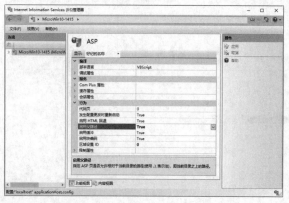

图6-14

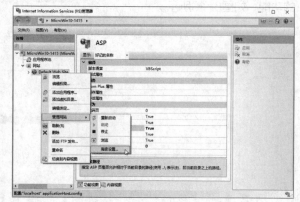

图6-15

（8）在弹出的"高级设置"对话框中单击"物理路径"选项右侧的 按钮，在弹出的"浏览文件夹"对话框中选择物理路径，选择好之后单击"确定"按钮，返回"高级设置"对话框，单击"确定"按钮完成设置。

（9）在"Internet Information Services(IIS)管理器"窗口左侧的列表中，用鼠标右键单击"Default Web Site"选项，在弹出的菜单中选择"编辑绑定"命令，在弹出的"网站绑定"对话框中单击"添加"按钮，弹出"添加网站绑定"对话框。设置完成后单击"确定"按钮，返回"网站绑定"对话框，单击"关闭"按钮完成IIS的设置。

## 6.1.3 ASP语法基础

### 1. ASP文件结构

ASP文件以".asp"为扩展名。在ASP文件中，可以包含以下内容。

（1）HTML标签：HTML包含的标签。

（2）脚本命令：包括VBScript或JavaScript脚本。

（3）ASP代码：位于"<%"和"%>"分界符之间的命令；在编写服务器端的ASP脚本时，也可以在<script>和</script>标签之间定义函数、方法和模块等，但必须在<script>标签内指定runat属性值为"server"。如果忽略了runat属性，脚本将在客户端执行。

（4）文本：网页中说明性的静态文本。

下面给出一个简单的ASP程序，来说明ASP文件结构。该ASP程序用于输出当前系统日期、时间，代码如下：

```
<html>
<head>
<title>ASP程序</title>
</head>
<body>
当前系统日期时间为：<%=Now()%>
</body>
</html>
```

运行以上程序代码，浏览器中将显示图6-16所示的内容。

以上代码是一个标准的在HTML文件中嵌入ASP程序而形成的ASP文件。其中，<html>和</html>为HTML文件的开始标签和结束标签；

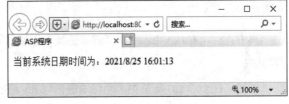

图6-16

<head>和</head>为HTML文件的头部标签；在头部标签之间，定义了标题标签<title>和</title>，用于显示ASP文件的标题信息；<body>和</body>为HTML文件的主体标签。文本内容"当前系统日期时间为"和"<%=Now()%>"都嵌在<body>和</body>标签之间。

### 2. 声明脚本语言

在编写ASP程序时，可以声明ASP文件所使用的脚本语言，以通知Web服务器程序文件是使用何种脚本语言来编写的。声明脚本语言有以下3种方法。

（1）在IIS中设定默认ASP语言。

在"Internet Information Services（IIS）管理器"窗口中将"脚本语言"设置为"VBScript"，如图6-17所示。

图6-17

（2）使用@language声明脚本语言。

在ASP文件的开头，可以使用language关键字声明要使用的脚本语言。使用这种方法声明的脚本语言只作用于该文件，对其他文件不会产生影响。

语法如下：

```
<%@language=scriptengine%>
```

其中，scriptengine表示编译脚本的脚本引擎名称。IIS服务器中包含两个脚本引擎，分别为VBScript和JavaScript。默认情况下，文件中的脚本将由VBScript引擎进行解释。

例如，在ASP文件的第一行设置页面使用的脚本语言为VBScript，代码如下：

```
<%@language="VBScript"%>
```

需要注意的是，如果在IIS服务器中设置的默认ASP语言为VBScript，且文件中使用的也是VBScript，则在ASP文件中可以不用声明脚本语言；如果文件中使用的脚本语言与IIS服务器中设置的默认ASP语言不同，则需使用@language处理指令声明脚本语言。

（3）通过<script>标签声明脚本语言。

通过设置<script>标签中的language属性值，可以声明脚本语言。需要注意的是，此声明只作用于<script>标签。

语法如下：

```
<script language=scriptengine runat="server">
//脚本代码
</script>
```

其中，scriptengine表示编译脚本的脚本引擎名称；将runat属性值设置为"server"，表示脚本运行在服务器端。

例如，在<script>标签中声明脚本语言为JavaScript，并编写程序，用于向客户端浏览器输出指定的字符串，代码如下：

```
<script language="javascript" runat="server">
Response.write("Hello World!");        //调用Response对象的Write()方法输出指定字符串
</script>
```

运行程序，效果如图6-18所示。

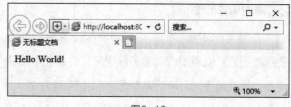

图6-18

## 3. ASP与HTML

在ASP网页中，ASP程序包含在"<%"和"%>"之间，并在浏览器打开网页时产生动态内容。它与HTML标签互相协作，构成动态网页。ASP程序可以出现在HTML文件中的任意位置，同时在ASP程序中也可以嵌入HTML标签。

编写ASP程序，通过Date()函数输出当天日期，并应用<font>标签定义日期显示的颜色，代码如下：

```
<html>
<head>
<meta http-equiv="Content-Type" content="text/html; charset=gb2312"/>
<title>b</title>
</head>
<body>
今天是：
<%
  Response.Write("<font color=red>")
  Response.Write(Date())
  Response.Write("</font>")
%>
</body>
</html>
```

以上代码通过Response对象的Write()方法向浏览器端输出<font>和</font>标签，以及当前系统日期。在IIS中浏览该文件，运行结果如图6-19所示。

图6-19

## 6.1.4 数组的创建与应用

数组是有序数据的集合。数组中的每一个元素都属于同一个数据类型，用一个统一的数组名和下标可以唯一确定数组中的元素，下标放在紧跟在数组名之后的括号中。具有一个下标的数组称为一维数组，具有两个下标的数组称为二维数组，以此类推，数组的最大维数为60。

### 1. 创建数组

在VBScript中，数组有两种类型：固定数组和动态数组。

（1）固定数组。

固定数组是指数组长度在程序运行时不可改变的数组。数组在使用前必须先声明，使用Dim语句可以声明数组。

声明数组的语法如下：

```
Dim array(i)
```

在VBScript中，数组的下标是从0开始计数的，所以数组的长度应为"i+1"。

例如：

```
Dim ary(3)
Dim db_array(5,10)
```

声明数组后，就可以为数组中的每个元素赋值。在为数组赋值时，必须通过数组的下标指明要赋值的元素的位置。

例如，在数组中使用下标为数组中的每个元素赋值，代码如下：

```
Dim ary(3)
ary(0)="数学"
ary(1)="语文"
ary(2)="英语"
```

（2）动态数组。

声明数组时不指明它的长度的数组称为变长数组，又称动态数组。动态数组的声明方法与固定数组声明的方法一样，唯一不同的是没有指明数组长度，语法如下：

```
Dim array()
```

虽然动态数组声明时无须指明数组长度，但在使用它之前必须使用Redim语句确定数组的维数。对动态数组进行重新声明的语法如下：

```
Dim array()
Redim array(i)
```

## 2. 应用数组函数

数组函数用于数组的操作。数组函数主要包括LBound()函数、UBound()函数、Split()函数和Erase()函数。

（1）LBound()函数。

LBound()函数用于返回一个Long型数据，其值为指定数组维度可用的最小下标。

语法如下：

```
LBound(arrayname[, dimension])
```

arrayname：必需的，表示数组变量的名称，遵循标准的变量命名约定。

dimension：可选的，类型为Variant(Long)，用于指定返回下界的维度，1表示第一维，2表示第二维，以此类推；如果省略dimension，则默认值为1。

例如，返回数组MyArray第二维的最小可用下标，代码如下：

```
<%
Dim MyArray(5,10)
Response.Write(LBound(MyArray,12))
%>
```

结果为0

（2）UBound()函数。

UBound()函数用于返回一个 Long 型数据，其值为指定的数组维度可用的最大下标。

语法如下：

```
UBound(arrayname[, dimension])
```

arrayname：必需的，数组变量的名称，遵循标准变量命名约定。

dimension：可选的，类型为Variant(Long)，用于指定返回上界的维度，1表示第一维，2表示第二维，以此类推；如果省略dimension，则默认值为1。

UBound()函数与LBound()函数一起使用，用来确定一个数组的大小。LBound()函数用来确定数组某一维的上界。

例如，返回数组MyArray第二维的最大可用下标，代码如下：

```
<%
Dim MyArray(5,10)
Response.Write(UBound(MyArray,2))
%>
```

结果为10。

（3）Split()函数。

Split()函数用于返回一个下标从0开始的一维数组，它包含指定数目的子字符串。

语法如下：

```
Split(expression[, delimiter[, count[, compare]]])
```

expression：必需的，包含子字符串和分隔符的字符串表达式；如果expression是一个长度为0的字符串（""），则返回一个空数组，即没有元素和数据的数组。

delimiter：可选的，用于标识子字符串边界的字符串字符；如果忽略，则使用空格字符（" "）作为分隔符；如果delimiter是一个长度为0的字符串，则返回的数组仅包含一个元素，即完整的expression字符串。

count：可选的，要返回的子字符串数，−1表示返回所有的子字符串。

compare：可选的，数字值，表示判别子字符串时使用的比较方式。

例如，读取字符串str中以符号"/"分隔的各子字符串，代码如下：

```
<%
Dim str,str_sub,i
str="ASP程序开发/VB程序开发/ASP.NET程序开发"
str_sub=Split(str,"/")
For i=0 to Ubound(str_sub)
  Respone.Write(i+1&"."&str_sub(i)&"<br>")
Next
%>
```

结果如下：

```
ASP程序开发.
VB程序开发.
ASP.NET程序开发.
```

（4）Erase()函数。

Erase()函数用于重新初始化大小固定的数组的元素，以及释放动态数组的存储空间。

语法如下：

```
Erase arraylist
```

所需的 arraylist 属性是一个或多个用逗号隔开的需要清除的数组变量。

Erase()函数根据是固定大小的（常规的）数组还是动态数组采取完全不同的行为。Erase()函数无须为固定大小的数组恢复内存。

例如，定义数组元素内容后，利用Erase()函数释放数组的存储空间，代码如下：

```
<%
Dim MyArray(1)
MyArray(0)="网络编程"
Erase MyArray
If MyArray(0)= "" Then
  Response.Write("数组资源已释放！")
Else
  Response.Write(MyArray(0))
End If
%>
```

结果如下：

```
数组资源已释放！
```

## 6.1.5 流程控制语句

在VBScript语言中，有顺序结构、选择结构和循环结构3种基本程序控制结构。顺序结构是程序设计中最基本的结构，在程序运行时，编译器总是按照先后顺序执行程序中的所有命令。通过选择结构和循环结构可以改变代码的执行顺序。本节介绍VBScript的选择语句和循环语句。

### 1. 运用VBScript选择语句

（1）使用if语句实现单分支选择结构。

if…then…end if语句称为单分支选择语句，可用于实现程序的单分支选择结构。该语句根据表达式结果是否为真，决定是否执行指定的命令序列。在VBScript中，if…then…end if语句的基本格式如下：

```
if条件语句then
    …命令序列
end if
```

通常情况下，条件语句是使用比较运算符对数值或变量进行比较的表达式。执行该格式的命令时，首先对条件进行判断，若条件取值为真（true），则执行命令序列；否则跳过命令序列，执行end if后的语句。

例如，判断给定变量的值是否为数字，如果为数字则输出指定的字符串信息，代码如下：

```
<%
Dim Num
Num=105
```

```
If IsNumeric(Num) then
  Response.Write ( "变量Num的值是数字！" )
end if
%>
```

（2）使用if…then…else语句实现双分支选择结构。

if…then…else语句称为双分支选择语句，可用于实现程序的双分支选择结构。该语句根据条件语句的取值，执行相应的命令序列。其基本格式如下：

```
if条件语句then
    …命令序列1
else
    …命令序列2
end if
```

执行该格式命令时，若条件语句为true，则执行命令序列1，否则执行命令序列2。

（3）使用select case语句实现多分支选择结构。

select case语句称为多分支选择语句，该语句可以根据条件表达式的值，决定执行的命令序列。应用select case语句实现的功能，相当于嵌套使用if语句实现的功能。其基本格式如下：

```
select case变量或表达式
    case结果1
        命令序列1
    case结果2
        命令序列2
        …
    case结果n
        命令序列n
    case else结果n
        命令序列n+1
end select
```

在select case语句中，首先对表达式进行计算，可以进行数学计算或字符串运算，然后将运算结果依次与结果1到结果n作比较，如果找到相等的结果，则执行对应的case语句中的命令序列；如果未找到相等的结果，则执行case else语句后面的命令序列。执行命令序列后，退出select case语句。

## 2. 运用VBScript循环语句

（1）do…loop循环控制语句。

do…loop语句在条件为true或条件变为true之前重复执行某语句块。根据循环条件出现的位置，do…loop语句的格式分为以下两种。

① 循环条件出现在语句的开始部分。其基本格式如下：

```
do while条件表达式
    循环体
loop
```

或者

```
do until条件表达式
    循环体
loop
```

② 循环条件出现在语句的结尾部分。其基本格式如下：

```
do
    循环体
loop until条件表达式
```

其中的while和until关键字的作用正好相反：while是当条件为true时，执行循环体，而until是条件为false时，执行循环体。

在do…loop语句中，条件表达式在前与在后的区别是：当条件表达式在前时，表示在循环条件为真时，才能执行循环体；而条件表达式在后时，表示无论条件是否满足都至少执行一次循环体。

在do…loop语句中，还可以使用强行退出循环的指令exit do，此语句可以放在do…loop语句中的任意位置。

（2）while…wend循环控制语句。

while…wend语句是当前指定的条件为true时执行一系列的语句。该语句与do…loop循环语句相似，其基本格式如下：

```
while condition
    [statements]
wend
```

condition：数值或字符串表达式，其计算结果为true或false；如果condition为null，则condition返回false。

statements：在条件为true时执行的一条或多条语句。

在while…wend语句中，如果condition为true，则statements中所有wend语句之前的语句都将被执行，然后将控制权返回while语句，并且重新检查condition。如果condition仍为true，则重复执行上面的过程；如果为false，则从wend语句之后的语句开始继续执行程序。

（3）for…next循环控制语句。

for…next语句是一种强制型的循环语句，它指定次数，重复执行一组语句。其基本格式如下：

```
for counter=start to end [step number]
    statement
    [exit for]
next
```

counter：用作循环计数器的数值变量；start和end分别是counter的初始值和终止值；number为counter的步长，用于决定循环的执行情况，可以是正数或负数，其默认值为1。

statement：表示循环体。

exit for：为for…next提供了另一种退出循环的方法，可以在for…next语句的任意位置放置exit for，exit for语句经常和条件语句一起使用。

exit for语句可以嵌套使用，即可以把一个for…next循环放置在另一个for…next循环中，此时每个循环中的counter要使用不同的变量名。例如：

```
for i =0 to 10
   for j=0 to 10
   …
   next
…
Next
```

（4）for each…next循环控制语句。

for each…next语句主要针对数组或集合中的每个元素重复执行一组语句。虽然也可以用for…next语句完成任务，但是如果不知道一个数组或集合中有多少个元素，则使用for each…next循环语句是较好的选择。其基本格式如下：

```
for each 元素 in 集合或数组
   循环体
   [exit for]
next
```

（5）exit退出循环语句。

exit语句主要用于退出do…loop、for…next、function、property或sub代码块。其基本格式如下：

```
exit do
exit for
exit function
exit property
exit sub
```

exit do：一种退出do…loop循环的方法，并且只能在do…loop循环中使用。

exit for：一种退出for循环的方法，并且只能在for…next或for each…next循环中使用。

exit function：立即从包含该语句的function过程中退出，程序会从调用function过程的语句之后的语句开始继续执行。

exit property：立即从包含该语句的property过程中退出，程序会从调用property过程的语句之后的语句开始继续执行。

exit sub：立即从包含该语句的sub过程中退出，程序会从调用sub过程的语句之后的语句开始继续执行。

# 6.2 ASP内置对象

为了实现网站的常见功能，ASP提供了内置对象。内置对象的特点是：不需要事先声明或创建一个实例，可以直接使用。常见的内置对象主要包括Request对象、Response对象、Application对象、Session对象、Server对象和ObjectContext对象。

## 6.2.1 课堂案例——网球俱乐部网页

**案例学习目标** 使用Request对象获取表单数据。

**案例知识要点** 在“代码检查器”面板中输入代码，使用Request对象获取表单数据，如图6-20所示。

**效果所在位置** 学习资源\Ch06\效果\网球俱乐部网页\index.asp。

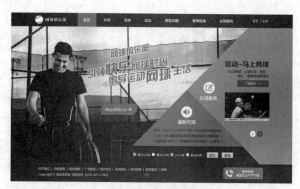

图6-20

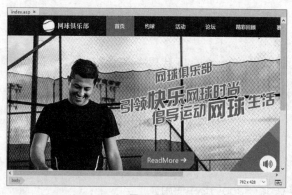

图6-21

01 选择“文件＞打开”命令，在弹出的“打开”对话框中，选择本书学习资源中的“Ch06\素材\网球俱乐部网页\index.asp”文件，单击“打开”按钮，效果如图6-21所示。将光标置入图6-22所示的单元格中。

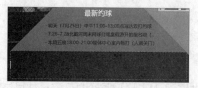

图6-22

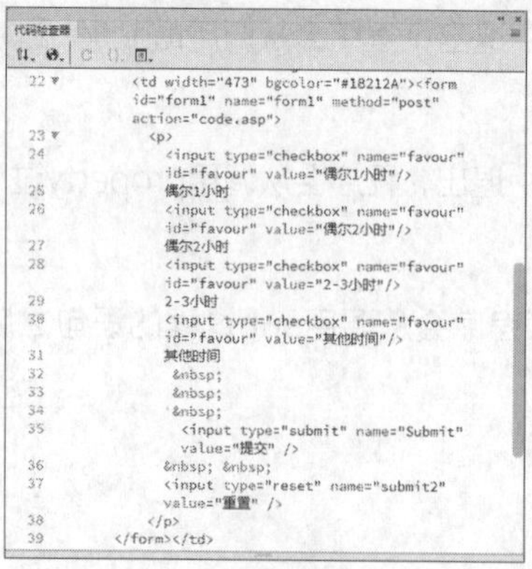


```
<td width="473" bgcolor="#18212A"><form
id="form1" name="form1" method="post"
action="code.asp">
  <p>
    <input type="checkbox" name="favour"
    id="favour" value="偶尔1小时"/>
    偶尔1小时
    <input type="checkbox" name="favour"
    id="favour" value="偶尔2小时"/>
    偶尔2小时
    <input type="checkbox" name="favour"
    id="favour" value="2-3小时"/>
    2-3小时
    <input type="checkbox" name="favour"
    id="favour" value="其他时间"/>
    其他时间
      
      
      
      <input type="submit" name="Submit"
      value="提交" />
       
    <input type="reset" name="submit2"
    value="重置" />
  </p>
</form></td>
```

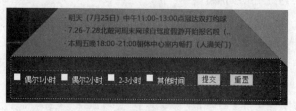

图6-23

02 按F10键，弹出“代码检查器”面板，在光标所在的位置输入代码，如图6-23所示，文档编辑窗口如图6-24所示。

图6-24

**03** 选择"文件 > 打开"命令，在弹出的"打开"对话框中，选择本书学习资源中的"Ch06\素材\网球俱乐部网页\code.asp"文件，单击"打开"按钮，将光标置入图6-25所示的单元格中。在"代码检查器"面板中输入代码，如图6-26所示。

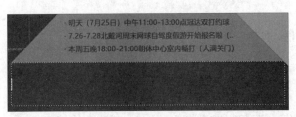

图6-25

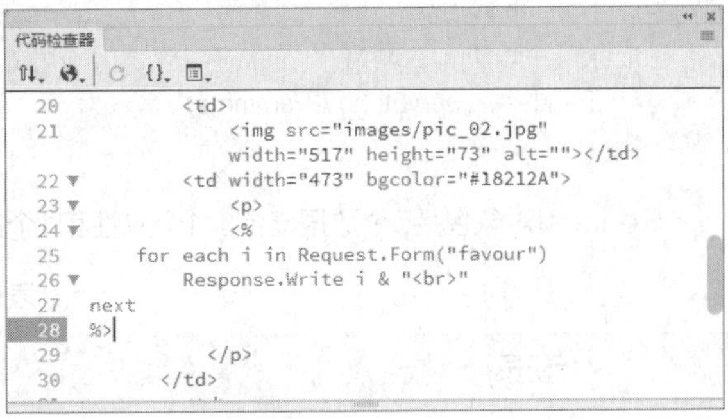

图6-26

**04** 保存文档，在浏览器中查看index.asp文件，如图6-27和图6-28所示。

图6-27

图6-28

## 6.2.2 Request对象

在客户端/服务器结构中，当客户端Web页面向网站服务器传递信息时，ASP通过Request对象能够获取客户端提交的全部信息，包括客户端用户的HTTP变量、在网站服务器端存放的客户端浏览器的Cookies数据、附于URL之后的字符串信息、页面中表单传送的数据及客户端的认证等。

Request对象语法如下：

```
Request [.collection | property | method](variable)
```

collection：数据集合。

property：属性。

method：方法。

variable：由字符串定义的变量参数，指定要从集合中检索的项目或作为方法和属性的输入。

使用Request对象时，collection、property和method可选1个或3个都不选，此时按以下顺序搜索集合：QueryString、Form、Cookies、ServerVariables和ClientCertificate。

例如，使用Request对象的QueryString数据集合取得传递值参数Parameter值并赋给变量id，代码如下：

```
<%
    dim id
     id= Request. QueryString ("Parameter")
%>
```

Request对象包括5个数据集合、1个属性和1个方法，如表6-1所示。

表6-1

| 成员 | 描述 |
|---|---|
| 数据集合 Form | 读取 HTML 表单域控件的值，即读取客户浏览器上以 post 方法提交的数据 |
| 数据集合 QueryString | 读取附于 URL 之后的字符串值，获取以 get 方法提交的数据 |
| 数据集合 Cookies | 读取存放在客户端浏览器 Cookies 中的内容 |
| 数据集合 ServerVariables | 读取客户端请求发出的 HTTP 报头值和 Web 服务器的环境变量值 |
| 数据集合 ClientCertificate | 读取客户端的验证字段 |
| 属性 TotalBytes | 返回客户端发出请求的字节数量 |
| 方法 BinaryRead | 以二进制方式读取客户端使用 post 方法所传递的数据，并返回一个变量数组 |

### 1．获取表单数据

检索表单数据：表单是HTML文件的一部分，用于提交输入的数据。

在含有ASP动态代码的Web页面中，使用Request对象的Form集合收集来自客户端的以表单形式发送到服务器的信息。

语法如下：

```
Request.Form(element)[(index)l.count]
```

element：集合要检索的表单元素的名称。

index：用来取得表单中名称相同的元素值。

count：集合中相同名称的元素的个数。

一般情况下，传递大量数据使用post方法，通过Form集合来获得表单数据。用get方法传递数据时，通过Request对象的QueryString集合来获得数据。

提交方式和读取方式的对应关系如表6-2所示。

表6-2

| 提交方式 | 读取方式 |
|---|---|
| method=post | Request.Form() |
| method=get | Request.QueryString() |

在"index.asp"文件中建立表单，在表单中插入文本框和按钮。当用户在文本框中输入数据并单击"提交"按钮时，在"code.asp"页面中通过Request对象的Form集合获取表单传递的数据并输出。

文件"index.asp"中的代码如下：

```
<form id="form1" name="form1" method="post" action="code.asp">
    <p>用户名：
    <input type="text" name="txt_username" id="txt_username" />
    </p>
    <p>密码：
    <input type="password" name="txt_pwd" id="txt_pwd" />
    </p>
    <p>
    <input type="submit" name="Submit" id="button" value="提交" />
       
    <input type="reset" name="Submit2" id="button2" value="重置" />
    </p>
</form>
```

文件"code.asp"中的代码如下：

```
<p>用户名为：<%=Request.Form("txt_username")%>
<p>密码为：<%=Request.Form("txt_pwd")%>
```

在浏览器中查看"index.asp"文件，运行结果如图6-29和图6-30所示。

图6-29

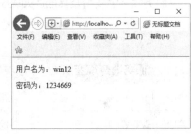

图6-30

当表单中的多个对象具有相同名称时，可以利用count属性获取具有相同名称的对象的总数，然后加上一个索引值来取得相同名称的对象的不同内容值。也可以用for each…next语句来获取相同名称的对象的不同内容值。

### 2. 检索查询字符串

利用QueryString可以检索HTTP查询字符串中变量的值。HTTP查询字符串中的变量可以直接定义在超链接的URL中的? 字符之后，例如，http://www. ptpress.com.cn/?name=wang。

如果需要传递多个参数变量，则将各变量用&字符作为分隔符隔开。

语法如下：

```
Request. QueryString (variable)[(index)|.count]
```

variable：指定要检索的HTTP查询字符串中的变量名。

index：用来取得HTTP查询字符串中相同变量名的变量值。

count：HTTP查询字符串中的相同名称的变量的个数。

有两种情况需要在服务器端指定利用QueryString数据集合取得客户端传送的数据。

（1）在表单中通过get方法提交的数据。

据此方法提交的数据与Form数据集合相似，利用QueryString数据集合可以取得在表单中以get方法提交的数据。

（2）利用超链接标签<a>传递的参数。

取得标签<a>所传递的参数值。

### 3. 获取服务器端环境变量

利用Request对象的ServerVariables数据集合可以取得服务器端的环境变量信息。这些信息包括：发出请求的浏览器信息、构成请求的HTTP方法、用户登录Windows NT的账号、客户端的IP等。服务器端环境变量对ASP程序有很大的帮助，使程序能够根据不同情况进行判断。服务器环境变量是只读变量，只能查看，不能设置。

语法如下：

```
Request.ServerVariables(server_environment_variable)
```

server_environment_variable：服务器环境变量。

服务器环境变量及其描述如表6-3所示。

表6-3

| 服务器环境变量 | 描述 |
| --- | --- |
| ALL_HTTP | 客户端发送的所有HTTP标题文件 |
| ALL_RAW | 检索未处理表格中所有的标题。ALL_RAW和ALL_HTTP不同，ALL_HTTP在标题文件名前面放置HTTP_prefix，并且标题名称总是大写的。使用 ALL_RAW 时，标题名称和值只在客户端发送时才出现 |
| APPL_MD_PATH | 检索 ISAPI DLL的(WAM) Application的元数据库路径 |
| APPL_PHYSICAL_PATH | 检索与元数据库路径相应的物理路径。IIS通过将APPL_MD_PATH转换为物理（目录）路径以返回值 |
| AUTH_PASSWORD | 该值输入客户端的鉴定对话。只有使用基本鉴定时，该变量才可用 |
| AUTH_TYPE | 这是用户访问受保护的脚本时，服务器用来检验用户的验证方法 |
| AUTH_USER | 未被鉴定的用户名 |
| CERT_COOKIE | 客户端验证的唯一ID，以字符串方式返回，可作为整个客户端验证的签字 |
| CERT_FLAGS | 如果有客户端验证，则bit 0为1；如果客户端验证的验证人无效（不在服务器承认的 CA 列表中），bit1被设置为1 |
| CERT_ISSUER | 用户验证中的颁布者字段（O=MS，OU=IAS，CN=user name，C=USA） |

续表

| 服务器环境变量 | 描述 |
| --- | --- |
| CERT_KEYSIZE | 安全套接字层连接关键字的位数，如128 |
| CERT_SECRETKEYSIZE | 服务器验证私人关键字的位数，如1024 |
| CERT_SERIALNUMBER | 用户验证的序列号字段 |
| CERT_SERVER_ISSUER | 服务器验证的颁发者字段 |
| CERT_SERVER_SUBJECT | 服务器验证的主字段 |
| CERT_SUBJECT | 客户端验证的主字段 |
| CONTENT_LENGTH | 客户端发出的内容的长度 |
| CONTENT_TYPE | 内容的数据类型。同附加信息的查询一起使用，如HTTP查询get、post 和put |
| GATEWAY_INTERFACE | 服务器使用的CGI规格的修订，格式为CGI/revision |
| HTTP_<HeaderName> | 存储在标题文件中的值。未列入该表的标题文件必须以"HTTP_"开头，以使 ServerVariables 集合检索其值。<br>注意，服务器将HeaderName中的下划线（_）解释为实际标题中的破折号。例如，如果用户指定 HTTP_MY_HEADER，服务器将搜索以"MY-HEADER"为名发送的标题文件 |
| HTTPS | 如果请求穿过安全通道（SSL），则返回ON；如果请求来自非安全通道，则返回OFF |
| HTTPS_KEYSIZE | 安全套接字层连接关键字的位数，如128 |
| HTTPS_SECRETKEYSIZE | 服务器验证私人关键字的位数，如1024 |
| HTTPS_SERVER_ISSUER | 服务器验证的颁发者字段 |
| HTTPS_SERVER_SUBJECT | 服务器验证的主字段 |
| INSTANCE_ID | 文本格式的IIS实例的ID。如果实例ID为1，则以字符形式出现。使用该变量可以检索请求所属的（元数据库中）Web 服务器实例的ID |
| INSTANCE_META_PATH | 响应请求的IIS实例的元数据库路径 |
| LOCAL_ADDR | 返回接受请求的服务器地址。在绑定多个 IP的多宿主机上查找请求所使用的地址时，该变量非常重要 |
| LOGON_USER | 用户登录Windows NT的账号 |
| PATH_INFO | 客户端提供的额外路径信息。可以使用这些虚拟路径和PATH_INFO服务器变量访问脚本。如果该信息来自URL，那么在到达CGI脚本前就已经由服务器解码了 |
| PATH_TRANSLATED | PATH_INFO 转换后的版本，该变量获取路径并进行必要的由虚拟至物理的映射 |

| 服务器环境变量 | 描述 |
|---|---|
| QUERY_STRING | 查询 HTTP 请求中问号（？）后的信息 |
| REMOTE_ADDR | 发出请求的远程主机的IP |
| REMOTE_HOST | 发出请求的主机名称。如果服务器无此信息，它将被设置为空的MOTE_ADDR变量 |
| REMOTE_USER | 用户发送的未映射的用户名字符串。该名称是用户实际发送的名称，与服务器上验证过滤器修改后的名称相对 |
| REQUEST_METHOD | 该方法用于提出请求。相当于用于HTTP的get、head、post 等 |
| SCRIPT_NAME | 执行脚本的虚拟路径。用于自引用的URL |
| SERVER_NAME | 出现在自引用URL中的服务器主机名、DNS 化名或 IP |
| SERVER_PORT | 发送请求的端口号 |
| SERVER_PORT_SECURE | 包含0或1的字符串。如果安全端口处理了请求则为1，否则为0 |
| SERVER_PROTOCOL | 请求信息协议的名称和修订，格式为 protocol/revision |
| SERVER_SOFTWARE | 应答请求并运行网关的服务器软件的名称和版本，格式为name/version |
| URL | 提供URL的基本部分 |

## 4. 以二进制码方式读取数据

（1）Request对象的TotalBytes属性。

Request对象的TotalBytes属性为只读属性，用于取得客户端响应的数据字节数。

语法如下：

```
Counter=Request.TotalBytes
```

Counter：用于存放客户端回送的数据字节大小的变量。

（2）Request对象的BinaryRead()方法。

Request对象提供的BinaryRead()方法，用于以二进制码方式读取客户端使用post方法传递的数据。

语法如下：

```
Variant 数据=Request.BinaryRead(Count)
```

Count：一个整型数据，用以表示每次读取的数据的字节大小，范围介于0到TotalBytes属性取回的客户端回送的数据字节大小之间。

BinaryRead()方法的返回值是通用变量数组（Variant Array）。

BinaryRead()方法一般与TotalBytes属性配合使用，以读取提交的二进制数据。

例如，以二进制码方式读取数据，代码如下：

```
<%
    Dim Counter,arrays(2)
    Counter=Request.TotalBytes          '获得客户端发送的数据字节数
    Arrays(0)=Request.BinaryRead(Counter) '以二进制码方式读取数据
%>
```

## 6.2.3 Response对象

Response对象用来访问所创建并返回客户端的响应。可以使用Response对象控制发送给用户的信息，比如直接发送信息给浏览器、重定向浏览器到另一个URL或设置Cookies的值。Response对象提供了标识服务器和性能的HTTP变量、发送给浏览器的信息内容和任何将在Cookies中存储的信息。

Response对象只有一个集合——Cookies，该集合用于设置希望放置在客户系统上的Cookies的值。Response对象的Cookies集合用于当前响应中，将Cookies值发送到客户端，该集合访问方式为只写。

Response对象的语法如下：

```
Response.collection | property | method
```

collection：Response对象的数据集合。

property：Response对象的属性。

method：Response对象的方法。

例如，使用Response对象的Cookies数据集合设置客户端的Cookies关键字并赋值，代码如下：

```
<%
Response.Cookies("user")="编程"
%>
```

Response对象与一个HTTP响应对应，通过设置其属性和方法可以控制如何将服务器端的数据发送到客户端浏览器。Response对象成员及其描述如表6-4所示。

表6-4

| 成员 | 描述 |
| --- | --- |
| 数据集合Cookies | 设置客户端浏览器的Cookies值 |
| 属性Buffer | 输出页是否被缓冲 |
| 属性CacheControl | 代理服务器是否能缓存ASP生成的页面 |
| 属性Status | 服务器返回的状态行的值 |
| 属性ContentType | 指定响应的HTTP内容类型 |
| 属性Charset | 将字符集名称添加到内容类型标题中 |
| 属性Expires | 在浏览器缓存页面超时前，指定缓存时间 |
| 属性ExpiresAbsolute | 指定浏览器上缓存页面到期的日期和时间 |

| 成员 | 描述 |
| --- | --- |
| 属性IsClientConnected | 表明客户端是否跟服务器断开 |
| 属性Pics | 将PICS标签的值添加到响应的标题的PICS标签字段中 |
| 方法Write | 直接向客户端浏览器输出数据 |
| 方法End | 停止处理ASP文件并返回当前结果 |
| 方法Redirect | 重定向当前页面，连接另一个URL |
| 方法Clear | 清除服务器缓存的HTML信息 |
| 方法Flush | 立即输出缓冲区的内容 |
| 方法BinaryWrite | 按字节格式向客户端浏览器输出数据，不进行任何字符集的转换 |
| 方法AddHeader | 设置HTML标题 |
| 方法AppendToLog | 在Web服务器的日志文件中记录日志 |

## 1．将信息从服务器端直接发送给客户端

Write方法是Response对象常用的响应方法，将指定的字符串信息从服务器端直接输送给客户端，在客户端动态地显示内容。

语法如下：

```
Response.Write variant
```

variant：输出到浏览器的变量数据或者字符串。

在页面中插入一个简单的输出语句时，可以用简化写法，代码如下：

```
<%="输出语句"%>
<%Response.Write"输出语句"%>
```

## 2．利用缓冲输出数据

Web服务器响应客户端浏览器的请求时，以信息流的方式将响应的数据发送给客户端浏览器，发送过程是先返回响应头，再返回正式的页面。而在处量ASP页面时，信息流的发送方式则是生成一段页面就立即发出一段信息流返回给浏览器。

ASP提供了另一种发送数据的方式，即利用缓存输出。缓存输出Web服务器生成ASP页面时，等ASP页面全部处理完成之后，再返回用户请求。

（1）使用缓冲输出。

① Buffer属性。

② Flush方法。

③ Clear方法。

（2）设置缓冲的有效期限。

① CacheControl属性。

② Expires属性。

③ ExpiresAbsolute属性。

### 3. 网页重定向

网页重定向是指从一个网页跳转到其他页面。应用Response对象的Redirect方法可以将客户端浏览器重定向到另一个Web页面。如果需要从当前网页转移到一个新的URL，而不用用户单击超链接或者搜索URL，那么可以使用该方法通过浏览器直接重定向到新的URL。

语法如下：

```
Response.Redirect URL
```

URL：资源定位符，表示浏览器重定向的目标页面。

调用Redirect方法将会忽略当前页面所有的输出而直接重定向到被指定的页面，即在页面中显示设置的响应正文内容都被忽略。

### 4. 向客户端输出二进制数据

利用BinaryWrite方法可以直接发送二进制数据，不需要进行任何字符集转换。

语法如下：

```
Response.BinaryWrite variable
```

variable：一个变量，它的值是要输出的二进制数据，一般是非文字资料，如图像文件和声音文件等。

### 5. 使用Cookies在客户端保存信息

Cookies是一种将数据传送到客户端浏览器的文本句式，将数据保存在客户端硬盘上，从而与某个Web站点持久地保持会话。Response对象跟Request对象都包含Cookies。Request.Cookies是一系列Cookies数据，同客户端HTTP Request一起发送给Web服务器；而Response.Cookies则是把Web服务器的Cookies发送到客户端。

（1）写入Cookies。

向客户端发送Cookies的语法如下：

```
Response.Cookies("Cookies名称")[("键名值").属性]=内容（数据）
```

必须放在发送给浏览器的HTML文件的<html>标签之前。

（2）读取Cookies。

读取时，必须使用Request对象的Cookies集合。

语法如下：

```
<% =Request.Cookies("Cookies名称")%>
```

# 6.2.4 Session对象

用户可以使用 Session 对象存储特定会话所需的信息。这样，当用户在应用程序的Web页面之间跳转时，存储在 Session 对象中的变量将不会丢失，而是在整个用户会话中一直存在。

当用户请求来自应用程序的Web页面时，如果该用户还没有会话，则Web服务器将自动创建一个Session 对象。当会话过期或被放弃后，服务器将终止该会话。

语法如下：

```
Session.collection|property|method
```

collection：Session对象的集合。

property：Session对象的属性。

method：Session对象的方法。

Session对象可以定义会话级变量。会话级变量是一种对象级的变量，隶属于Session对象，它的作用域等同于Session对象的作用域，例如：

```
<% session("username")="userli" %>
```

Session对象的成员及其描述如表6-5所示。

表6-5

| 成员 | 描述 |
| --- | --- |
| 集合Contents | 包含通过脚本命令添加到应用程序中的变量、对象 |
| 集合StaticObjects | 包含由<object>标签添加到会话中的对象 |
| 属性SessionID | 存储用户的SessionID信息 |
| 属性Timeout | Session的有效期，以分钟为单位 |
| 属性CodePage | 用于符号映射的代码页 |
| 属性LCID | 现场标识符 |
| 方法Abandon | 释放Session对象占用的资源 |
| 事件Session_OnStart | 尚未建立会话的用户请求访问页面时，触发该事件 |
| 事件Session_OnEnd | 会话超时或会话被放弃时，触发该事件 |

## 1. 返回当前会话的唯一标识符

SessionID自动为每一个Session对象分配不同的编号，返回用户的会话标识。

语法如下：

```
Session.SessionID
```

此属性返回一个不重复的长整型数字。

返回用户会话标识的代码如下：

```
<% Response.Write Session.SessionID %>
```

### 2. 控制会话的结束时间

Timeout用于定义会话的有效访问时间，以分钟为单位。如果用户在有效访问时间内没有进行刷新或请求某个网页，该会话结束，在网页中可以根据需要修改，代码如下：

```
<%
Session.Timeout=10
Response.Write "设置会话超时为：" & Session.Timeout & "分钟"
%>
```

### 3. 应用Abandon方法清除Session变量

用户结束使用Session变量时，应当清除Session对象。

语法如下：

```
Session.Abandon
```

如果程序中没有使用Abandon方法，Session对象在Timeout规定的时间到达后，将被自动清除。

## 6.2.5　Application对象

ASP程序是在Web服务器上运行的，在Web站点中创建一个基于ASP的应用程序之后，可以通过Application对象在ASP应用程序的所有用户之间共享信息。也就是说，Application对象中包含的数据可以在整个Web站点中被所有用户使用，并且可以在网站运行期间持久保存数据。用Application对象可以实现统计网站的在线人数、创建多用户游戏及创建多用户聊天室等功能。

语法如下：

```
Application.collection | method
```

collection：Application对象的数据集合。

method：Application对象的方法。

Application对象可以定义应用级变量。应用级变量是一种对象级的变量，隶属于Application对象，它的作用域等同于Application对象的作用域，例如：

```
<%application("username")="manager"%>
```

Application对象的主要功能是为Web应用程序提供全局性变量。

Application的对象成员及其描述如表6-6所示。

表6-6

| 成员 | 描述 |
|------|------|
| 集合Contents | Application层次的所有可用的变量集合，不包括<object>标签建立的变量 |
| 集合StaticObjects | 在"global.asa"文件中通过<object>标签建立的变量集合 |
| 方法Contents.Remove | 从Application对象的Contents集合中删除一个项目 |
| 方法Contents.Removeall | 从Application对象的Contents集合中删除所有项目 |
| 方法Lock | 锁定Application变量 |
| 方法Unlock | 解除Application变量的锁定状态 |
| 事件Session_OnStart | 当应用程序的第一个页面被请求时，触发该事件 |
| 事件Session_OnEnd | 当Web服务器关闭时这个事件中的代码被触发 |

## 1. 锁定和解锁Application对象

可以利用Application对象的Lock和Unlock方法确保在同一时刻只有一个用户可以修改和存储Application对象集合中的变量值。前者用来避免其他用户修改Application对象的任何变量，而后者则允许其他用户对Application对象的变量进行修改，如表6-7所示。

表6-7

| 方法 | 用途 |
|------|------|
| Lock | 禁止非锁定用户修改Application对象集合中的变量值 |
| Unlock | 允许非锁定用户修改Application对象集合中的变量值 |

## 2. 制作网站计数器

"global.asa"文件用来存放执行任何ASP应用程序期间的Application、Session事件程序，当Application或者Session对象被第一次调用或者结束时，就会执行该文件内的对应程序。一个应用程序只能对应一个"global.asa"文件，该文件只有存放在网站的根目录下才能正常运行。

"global.asa"文件的基本结构如下：

```
<Script Language="VBScript" Runat="Server">
Sub Application_OnStart
  …
End Sub
Sub Session_OnStart
  …
End Sub
Sub Session_OnEnd
  …
End Sub
```

```
Sub Application_OnEnd
    …
End Sub
</Script>
```

Application_OnStart事件：在ASP应用程序中的ASP页面第一次被访问时触发该事件。

Session_OnStart事件：在创建Session对象时触发该事件。

Session_OnEnd事件：在结束Session对象（即会话超时或者会话被放弃）时触发该事件。

Application_OnEnd事件：在Web服务器被关闭（即结束Application对象）时触发该事件。

在"global.asa"文件中，用户必须使用ASP所支持的脚本语言并且将Application或Session对象定义在<Script>标签之内，不能定义非Application对象或者Session对象的模板，否则将产生执行上的错误。

通过在"global.asa"文件的Application_OnStart事件中定义Application变量，可以统计网站的访问量。

# 6.2.6 Server对象

Server对象提供对服务器上的方法和属性的访问，大多数方法和属性是作为实用程序的功能提供的。

语法如下：

```
Server.property|method
```

property：Server对象的属性。

method：Server对象的方法。

例如，通过Server对象创建一个名为"Conn"的ADODB的Connection对象实例，代码如下：

```
<%
    Dim Conn
Set Conn=Server.CreateObject("ADODB.Connection")
%>
```

Server对象的成员及其描述如表6-8所示。

表6-8

| 成员 | 描述 |
| --- | --- |
| 属性ScriptTimeOut | 该属性用来规定脚本文件执行的最长时间。如果超出最长时间还没有执行完毕，就自动停止，并显示超时错误 |
| 方法CreateObject | 用于创建组件、应用程序或脚本对象的实例，利用它就可以调用其他外部程序或组件的功能 |
| 方法HTMLEncode | 可以将字符串中的特殊字符（"<""">"和空格等）自动转换为字符实体 |

| 成员 | 描述 |
|------|------|
| 方法URLEncode | 用来转换字符串,不过它是按照URL规则对字符串进行转换的。按照该规则的规定,URL字符串中如果出现空格、"?"或"&"等特殊字符,则接收端有可能接收不到准确的字符,因此就需要进行相应的转换 |
| 方法MapPath | 可以将虚拟路径转化为物理路径 |
| 方法Execute | 用来停止执行当前网页,然后执行新的网页,执行完毕后返回原网页,继续执行Execute方法后面的语句 |
| 方法Transfer | 该方法和Execute方法非常相似,唯一的区别是执行完新的网页后,并不返回原网页,而是停止执行过程 |

**1. 设置ASP脚本的执行时间**

Server对象提供了一个ScriptTimeOut属性,用于获取和设置请求到期时间。ScriptTimeOut属性是指脚本在结束前最长可运行多长时间,该属性可用于设置程序能够运行的最长时间。当处理服务器组件时,超时限制将不再生效,代码如下:

```
Server.ScriptTimeout=NumSeconds
```

NumSeconds用于指定脚本在服务器结束前可运行的最长时间,默认值为90秒。可以在IIS管理器的"应用程序配置"对话框中更改这个默认值,如果将其设置为-1,则脚本将永远不会超时。

**2. 创建服务器组件实例**

调用Server对象的CreateObject方法可以创建服务器组件的实例。CreateObject方法可以用来创建已注册到服务器上的ActiveX组件实例,这样可以通过使用ActiveX服务器组件扩展ASP的功能,实现一些仅依赖脚本语言所无法实现的功能。对于建立在组件对象模型上的对象,ASP有标准和函数调用接口,只要在操作系统上登记注册了组件程序,COM就会在系统注册表里维护这些资源,以供程序员调用。

语法如下:

```
Server.CreateObject(progID)
```

progID用于指定要创建的对象的类型,其格式如下:

```
[Vendor.] component[.Version]
```

Vendor:表示拥有该对象的应用名。

component:表示该对象组件的名字。

Version:表示版本号。

例如,创建一个名为"FSO"的FileSystemObject对象实例,并将其保存在Session对象变量中,代码如下:

```
<%
  Dim FSO=Server.CreateObject("Scripting.FileSystemObject")
```

```
Session("ofile")=FSO
%>
```

CreateObject方法仅能用来创建外置对象的实例，不能用来创建系统的内置对象实例。用该方法创建的对象实例仅在创建它的页面中有效，即当处理完该页面程序后，创建的对象会自动消失，若想在其他页面中引用该对象，可以将对象实例存储在Session对象或者Application对象中。

**3. 获取文件的真实物理路径**

Server对象的MapPath方法可以将指定的相对路径或虚拟路径映射到服务器上相应的物理目录。

语法如下：

Server.MapPath(string)

string：用于指定虚拟路径的字符串。

虚拟路径如果是以"\"或者"/"开始的，MapPath方法将返回服务器端的宿主目录。如果虚拟路径以其他字符开头，MapPath方法将把这个虚拟路径视为相对路径，相对于当前调用MapPath方法的页面，返回其他物理路径。

若想取得当前运行的ASP文件的真实路径，可以使用Request对象的服务器变量PATH_INFO来映射当前文件的物理路径。

**4. 输出HTML源代码**

HTMLEncode方法用于对指定的字符串进行HTML编码。

语法如下：

Server.HTMLEncode(string)

string：指定要编码的字符串。

当服务器端向浏览器输出HTML标签时，浏览器将其解释为HTML标签，并按照标签指定的格式显示在浏览器上。使用HTMLEncode方法可以在浏览器中原样输出HTML标签字符，即浏览器不对这些标签进行解释。

HTMLEncode方法还可以对指定的字符串进行HTML编码，将字符串中的HTML标签字符转换为实体。例如，HTML标签字符"<"和">"在编码后转化为"&gt;"和"&lt;"。

# 6.2.7 ObjectContext对象

ObjectContext对象是一个以组件为主的事务处理系统，可以保证事务成功完成。使用ObjectContext对象时，允许程序在网页中直接配合Microsoft Transaction Server（MTS）使用，从而可以管理或开发高效率的Web服务器应用程序。

事务是一个操作序列，这些序列可以视为一个整体。如果其中的某一个步骤没有完成，所有与该操作相关的内容都应该取消。

事务用于对数据库进行可靠的操作。

在ASP中使用@TRANSACTION关键字来标识正在运行的页面要以MTS来处理。

语法如下：

```
<%@TRANSACTION=value%>
```

其中，@TRANSACTION的取值有4个，如表6-9所示。

表6-9

| 值 | 描述 |
|---|---|
| Required | 开始一个新的事务或加入一个已经存在的事务 |
| Required_New | 每次都是一个新的事务 |
| Supported | 加入一个现有的事务，但不开始一个新的事务 |
| Not_Supported | 既不加入也不开始一个新的事务 |

ObjectContext对象提供了两个方法和两个事件控制ASP的事务处理。ObjectContext对象的成员及其描述如表6-10所示。

表6-10

| 成员 | 描述 |
|---|---|
| 方法SetAbort | 终止当前网页所启动的事务处理程序，将事务先前所做的处理撤销，回到初始状态 |
| 方法SetComplete | 成功提交事务，完成事务处理 |
| 事件OnTransactionAbort | 事务终止时触发的事件 |
| 事件OnTransactionCommit | 事务成功提交时触发的事件 |

SetAbort方法将终止目前这个网页所启动的事务处理程序，而且将先前对此事务所做的处理撤销，回到初始状态，即将事务"回滚"，SetComplete方法将终止目前这个网页所启动的事务处理程序，而且将成功地完成事务的提交。

语法如下：

```
ObjectContext.SetComplete
'SetComplete方法
ObjectContext.SetAbort
'SetAbort方法
```

ObjectContext对象提供了OnTransactionCommit和OnTransactionAbort两个事件处理程序，前者在事务完成时被激活，后者在事务失败时被激活。

语法如下：

```
Sub OnTransactionCommit()
'处理程序
End Sub
Sub OnTransactionAbort()
'处理程序
End Sub
```

## 课堂练习——挖掘机网页

练习知识要点 使用Form集合获取表单数据，如图6-31所示。

素材所在位置 学习资源\Ch06\素材\挖掘机网页\index.asp。

效果所在位置 学习资源\Ch06\效果\挖掘机网页\code.asp。

图6-31

## 课后习题——卡玫摄影网页

习题知识要点 使用Response对象的Write方法向浏览器端输出标签，显示日期，如图6-32所示。

素材所在位置 学习资源\Ch06\素材\卡玫摄影网页\index.asp。

效果所在位置 学习资源\Ch06\效果\卡玫摄影网页\index.asp。

图6-32

# 第 7 章

## CSS样式

### 本章介绍

层叠样式表（CSS）是一种辅助HTML设计的特性，能使整个HTML文件保持统一外观。CSS功能强大、操作灵活，用CSS改变一个文件就可以改变数百个文件的外观，其个性化的表现更能吸引访问者。

### 学习目标

● 掌握CSS样式的概念

● 掌握"CSS设计器"面板的使用方法

● 了解CSS样式的类型

● 掌握CSS样式的创建与应用方法

● 掌握设置CSS属性的方法

● 掌握CSS过渡效果的应用

### 技能目标

● 掌握节能环保网页的制作方法

● 掌握山地车网页的制作方法

● 掌握足球运动网页的制作方法

# 7.1 CSS样式的概念

CSS是Cascading Style Sheet的缩写，一般译为"层叠样式表"或"级联样式表"。层叠样式表是对HTML 3.2之前版本语法的变革，将某些HTML标签属性简化。例如，要将一段文本的大小变成36像素，在HTML 3.2中写成"\<p>\<font size="36">文本的大小\</font>\</p>"，标签的层层嵌套使HTML程序臃肿不堪，而用层叠样式表可简化HTML标签属性，写成"\<p style="font-size:36px">文本的大小\</p>"即可。

层叠样式表是HTML的一部分，它将对象引入HTML中，可以通过脚本程序调用和改变对象的属性，从而产生动态效果。例如，将鼠标指针放到文本上时，文本的字号变大，用层叠样式表写成"\<p onMouseOver="className='aa'">动态文本\</p>"即可。

# 7.2 CSS样式基础

层作为网页的容器元素，不仅可以在其中放置图像，还可以放置文本、表单、插件等网页元素，甚至可以嵌套层。在CSS层中，用DIV、SPAN标签标记层。虽然层有强大的页面控制功能，其操作却很简单。

## 7.2.1 "CSS设计器"面板

使用"CSS设计器"面板可以创建、编辑和删除CSS样式，并且可以将外部样式表附加到文档中。

### 1. 打开"CSS设计器"面板

打开"CSS设计器"面板有以下两种方法。

① 选择"窗口 > CSS设计器"命令。

② 按Shift+F11组合键。

"CSS设计器"面板如图7-1所示，该面板由4个选项组组成，分别是"源"选项组、"@媒体"选项组、"选择器"选项组和"属性"选项组。

"源"选项组：用于创建样式、附加样式、删除内部样式表和附加样式表。

"@媒体"选项组：用于控制所选源中的所有媒体查询。

"选择器"选项组：用于显示所选源中的所有选择器。

"属性"选项组：用于显示所选选择器的相关属性，提供仅显示已设置属性的选项。"属性"被分为"布局"▤、"文本"▥、"边框"▢、"背景"▨和"更多"▤ 5种类别，显示在"属性"选项组的顶部，如图7-2所示。添加属性后，该项属性的右侧出现"禁用CSS属性"按钮◎和"删除CSS属性"按钮▥，如图7-3所示。

"禁用CSS属性"按钮◎：单击该按钮可以将该属性禁用，再次单击可启用该属性。

"删除CSS属性"按钮▥：单击该按钮可以删除该属性。

图7-1

图7-2

图7-3

### 2. 样式表的功能

层叠样式表是HTML格式的代码，浏览器处理起来速度比较快，且便于网站设计师制作个性化网页。样式表的功能如下。

（1）灵活地控制网页中文本的字体、颜色、大小、位置和间距等。

（2）方便地为网页中的元素设置不同的背景颜色和背景图片。

（3）精确地控制网页中各元素的位置。

（4）为文本或图片设置滤镜效果。

（5）与脚本语言结合可制作动态效果。

## 7.2.2 CSS样式的类型

CSS样式可分为类选择器、标签选择器、ID选择器、内联样式、复合选择器等几种形式。

### 1. 类选择器

类选择器可以将样式属性应用于页面上所有的HTML元素。类选择器的名称必须以"."开头进行标识，后面加上类名，属性和值必须符合CSS规范，如图7-4所示。

将".text"样式应用于HTML元素，HTML元素将以class属性进行引用，如图7-5所示。

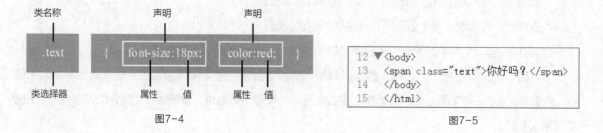
图7-4

图7-5

### 2. 标签选择器

标签选择器可以对页面中的同一标签进行声明，如对\<p>标签进行声明，那么页面中所有的\<p>标签将会使用相同的样式，如图7-6所示。

### 3. ID选择器

ID选择器与类选择器的使用方法基本相同,唯一的不同之处是ID选择器只能在HTML页面中使用一次,针对性比较强。ID选择器以"#"开头进行标识,后面加上ID名,如图7-7所示。

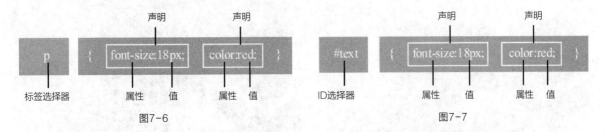

图7-6　　　　　　　　　　　　　　　　　　　　图7-7

将"#text"样式应用于HTML元素,HTML元素将以id属性进行引用,如图7-8所示。

### 4. 内联样式

内联样式直接在HTML标签中以style属性将CSS代码写入其中,如图7-9所示。

```
17 ▼<body>
18   <span id="text">你好吗?</span>
19   </body>
```

图7-8

```
17 ▼<body>
18   <p style="font-family:'微软雅黑'; font-size: 12px;">你好吗?</p>
19   </body>
```

图7-9

### 5. 复合选择器

复合选择器可以将风格完全相同或部分相同的选择器同时声明,如图7-10所示。

```
14 ▼h1, h3, h4 {
15     font-family:"微软雅黑";
16     color: #FF0004;
17   }
```
同级别声明

```
14 ▼td p {
15     font-family:"微软雅黑";
16     color: #FF0004;
17   }
```
嵌套式声明

图7-10

# 7.3 样式创建与应用

若要为不同网页元素设置相同的格式,可先创建一个自定义样式,然后将它应用到文档的网页元素上。

## 7.3.1 课堂案例——节能环保网页

**案例学习目标** 使用"CSS设计器"面板修改文字的显示效果。

**案例知识要点** 使用"CSS设计器"面板定义样式,修改文字的颜色、字体和行距,如图7-11所示。

**效果所在位置** 学习资源\Ch07\效果\节能环保网页\index.html。

**01** 选择"文件 > 打开"命令，在弹出的"打开"对话框中，选择本书学习资源中的"Ch07\素材\节能环保网页\index.html"文件，单击"打开"按钮打开文件，如图7-12所示。

图7-11                    图7-12

**02** 选择"窗口 > CSS设计器"命令，弹出"CSS设计器"面板，如图7-13所示。在"源"选项组中选择"<style>"选项，单击"选择器"选项组中的"添加选择器"按钮➕，"选择器"选项组中出现文本框，如图7-14所示。在文本框中输入名称".text"，按Enter键确认，如图7-15所示。

图7-13                图7-14                图7-15

**03** 在"属性"选项组中单击"文本"按钮❚T❚，切换到文本属性，如图7-16所示，将"color"设置为白色，"font-family"设置为"微软雅黑"，"line-height"设置为20px，如图7-17所示。

图7-16                    图7-17

126

**04** 选中图7-18所示的文本，在"属性"面板的"类"下拉列表中选择"text"选项，应用样式，效果如图7-19所示。

图7-18

图7-19

**05** 选中图7-20所示的文本，在"属性"面板的"类"下拉列表中选择"text"选项，应用样式，效果如图7-21所示。

图7-20

图7-21

**06** 保存文档，按F12键预览网页效果，如图7-22所示。

图7-22

## 7.3.2 创建CSS样式

使用"CSS设计器"面板可以创建类选择器、标签选择器、ID选择器和复合选择器等样式。

创建CSS样式的具体操作步骤如下。

（1）新建或打开一个文档。

（2）选择"窗口 > CSS设计器"命令，弹出"CSS设计器"面板，如图7-23所示。

（3）在"CSS设计器"面板中，单击"源"选项组中的"添加CSS源"按钮 +，在弹出的菜单中选择"在页面中定义"命令，如图7-24所示，以确认CSS样式的保存位置。选择该选项后，"源"选项组中将出现"<style>"标签，如图7-25所示。

图7-23

图7-24

图7-25

"创建新的CSS文件"选项：用于创建一个独立的CSS文件，并将其附加到当前文档中。

"附加现有的CSS文件"选项：用于将现有的CSS文件附加到当前文档中。

"在页面中定义"选项：用于将CSS文件定义在当前文档中。

（4）单击"选择器"选项组中的"添加选择器"按钮 ✚，"选择器"选项组中会出现一个文本框，如图7-26所示。根据定义样式的类型输入名称，如定义类选择器，首先输入"."，如图7-27所示，再输入名称，如图7-28所示，按Enter键确认。

图7-26　　　　　　　　图7-27　　　　　　　　图7-28

（5）在"属性"选项组中单击"文本"按钮 🅣，切换到有关文字的CSS属性，如图7-29所示。根据需要添加属性，如图7-30所示。

图7-29　　　　　　　　图7-30

## 7.3.3　应用CSS样式

创建自定义样式后，还要为不同的网页元素应用不同的CSS样式，其具体操作步骤如下。

（1）在文档编辑窗口中选择网页元素。

（2）选择器类型不同应用的方法也不同。

类选择器的应用方法如下。

① 在"属性"面板的"类"下拉列表中选择某自定义样式名。

② 在文档编辑窗口左下方的标签上单击鼠标右键，在弹出的菜单中选择"设置类 > 某自定义样式名"命令。在弹出的菜单中选择"设置类 > 无"命令，可以撤销样式的应用。

ID选择器的应用方法如下。

① 在"属性"面板的"ID"下拉列表中选择某自定义样式名。

② 在文档编辑窗口左下方的标签上单击鼠标右键，在弹出的菜单中选择"设置ID > 某自定义样式名"命令。在弹出的菜单中选择"设置ID > 无"命令，可以撤销样式的应用。

## 7.3.4　创建和附加外部样式

如果不同网页的不同HTML元素需要使用同一样式，可通过附加外部样式来实现。首先创建一个外部样式，然后在不同网页的不同HTML元素中附加定义好的外部样式。

### 1. 创建外部样式

（1）打开"CSS设计器"面板。

（2）在"CSS设计器"面板中，单击"源"选项组中的"添加CSS源"按钮＋，在弹出的菜单中选择"创建新的CSS文件"命令，如图7-31所示，弹出"创建新的CSS文件"对话框，如图7-32所示。

图7-31

图7-32

（3）单击"文件/URL"选项右侧的"浏览"按钮，弹出"将样式表文件另存为"对话框，在"文件名"文本框中输入自定义的样式文件名，如图7-33所示。单击"保存"按钮，返回"创建新的CSS文件"对话框，如图7-34所示。

（4）单击"确定"按钮，完成外部样式的创建。刚创建的外部样式会出现在"CSS设计器"面板的"源"选项组中，如图7-35所示。

图7-33

图7-34

图7-35

### 2. 附加外部样式

不同网页的不同HTML元素可以附加相同的外部样式，其具体操作步骤如下。

（1）在文档编辑窗口中选择网页元素。

（2）通过以下几种方法打开"使用现有的CSS文件"对话框。

① 选择"文件 > 附加样式表"命令。

② 选择"工具 > CSS > 附加样式表"命令。

③ 在"CSS设计器"面板中，单击"源"选项组中的"添加CSS源"按钮 ✦，在弹出的菜单中选择"附加现有的CSS文件"命令，如图7-36所示，弹出"使用现有的CSS文件"对话框，如图7-37所示。

图7-36                    图7-37

（3）单击"文件/URL"选项右侧的"浏览"按钮，在弹出的"选择样式表文件"对话框中选择CSS样式文件，如图7-38所示。单击"确定"按钮，返回"使用现有的CSS文件"对话框，如图7-39所示。

图7-38                    图7-39

"使用现有的CSS文件"对话框中各选项的作用如下。

"文件/URL"选项：直接输入外部样式文件名，或单击"浏览"按钮选择外部样式文件。

"添加为"选项组：包括"链接"和"导入"两个选项；"链接"选项表示传递外部CSS样式信息而不将其导入网页文档，在页面代码中生成<link>标签；"导入"选项表示将外部CSS样式信息导入网页文档，在页面代码中生成<@lmport>标签。

（4）单击"确定"按钮，完成外部样式的附加。刚附加的外部样式会出现在"CSS设计器"面板的"源"选项组中。

# 7.4 编辑样式

网站设计者有时需要修改应用于文档的内部样式和外部样式，如果修改内部样式，则会自动重新设置受它控制的所有HTML对象的格式；如果修改外部样式，则会自动重新设置与它链接的所有HTML文件。

编辑样式有以下两种方法。

① 先在"CSS设计器"面板的"选择器"选项组中选择某样式，然后在"属性"选项组中根据需要设置CSS属性，如图7-40所示。

② 在"属性"面板中单击"编辑规则"按钮，如图7-41所示，弹出".text的CSS规则定义（在style.css中）"对话框，如图7-42所示，根据需要设置CSS属性，单击"确定"按钮，完成设置。

图7-40

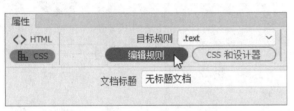

图7-41

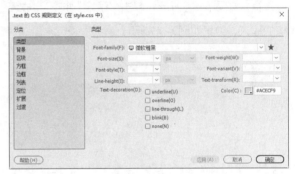

图7-42

# 7.5 CSS的属性

CSS样式可以控制网页元素的外观，如定义字体、颜色、边距等，这些都是通过设置CSS样式的属性来实现的。CSS样式属性包括"布局""文本""边框""背景"4种属性，可分别设置不同网页元素的外观。

## 7.5.1 课堂案例——山地车网页

〔案例学习目标〕使用"CSS样式"命令制作菜单效果。

〔案例知识要点〕使用"表格"按钮插入表格，使用"CSS样式"命令设置鼠标指针经过按钮时的显示效果，如图7-43所示。

〔效果所在位置〕学习资源\Ch07\效果\山地车网页\index.html。

图7-43

### 1. 插入表格并输入文本

**01** 选择"文件 > 打开"命令，在弹出的"打开"对话框中，选择本书学习资源中的"Ch07\素材\山地车网页\index.html"文件，单击"打开"按钮打开文件，如图7-44所示。将光标置入图7-45所示的单元格中。

图7-44

图7-45

**02** 在"插入"面板的"HTML"选项卡中单击"Table"按钮 ▦，在弹出的"Table"对话框中进行设置，如图7-46所示。单击"确定"按钮完成表格的插入，效果如图7-47所示。

图7-46

图7-47

**03** 在"属性"面板的"表格"文本框中输入"Nav"，如图7-48所示。在单元格中输入文本，如图7-49所示。

图7-48

图7-49

**04** 选中文本"图片新闻"，如图7-50所示。在"属性"面板的"链接"文本框中输入"#"，为文本制作空链接效果，如图7-51所示。用相同的方法为其他文本添加链接，效果如图7-52所示。

图7-50

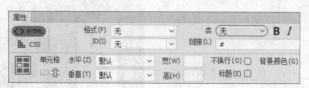

图7-51

图7-52

## 2. 设置CSS属性

**01** 选择"窗口 > CSS设计器"命令，弹出"CSS设计器"面板。单击"源"选项组中的"添加CSS源"
按钮**+**，在弹出的菜单中选择"创建新的CSS文件"命令，弹出"创
建新的CSS文件"对话框，如图7-53所示。单击"文件/URL"选项
右侧的"浏览"按钮，弹出"将样式表文件另存为"对话框，在"文
件名"文本框中输入"style"，
如图7-54所示。单击"保存"按
钮，返回"创建新的CSS文件"
对话框，单击"确定"按钮，完
成样式的创建。

图7-53　　　　　　　　　　　　　　图7-54

**02** 单击"选择器"选项组中的"添加选择器"按钮**+**，"选择器"选项组中出现文本框，输入名称
"#Nav a:link, #Nav a:visited"，按Enter键确认，如图7-55所示。在"属性"选项组中单击"文本"
按钮**T**，切换到文本属性，将"color"设置为黑色，"font-size"设置为14px，单击"text-align"
选项右侧的"center"按钮，
"text-decoration"选项右
侧的"none"按钮，如图
7-56所示。单击"背景"按
钮，切换到背景属性，将
"background-color"设置为灰
白色（#F2F2F2），如图7-57
所示。

图7-55　　　　　　　　图7-56　　　　　　　　图7-57

**03** 单击"布局"按钮，切换
到布局属性，将"display"设置
为"block"，"padding"设
置为4px，如图7-58所示。单击
"边框"按钮，切换到边框属
性，单击"border"选项下方的
"全部"按钮，将"width"
设置为2px，"style"设置为
"solid"，"color"设置为白
色，如图7-59所示。

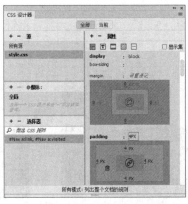
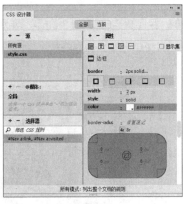

图7-58　　　　　　　　　　　　　　图7-59

**04** 单击"选择器"选项组中的"添加选择器"按钮**+**，"选择器"选项组中出现文本框，输入名称"#Nav a:hover"，按Enter键确认，如图7-60所示。在"属性"选项组中单击"背景"按钮▨，切换到背景属性，将"background-color"设置为白色，如图7-61所示。单击"布局"按钮▦，切换到布局属性，将"margin"设置为2px，"padding"设置为2px，如图7-62所示。

图7-60

图7-61

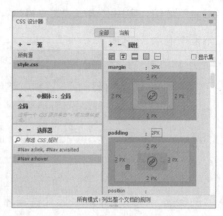
图7-62

**05** 单击"边框"按钮▢，切换到边框属性，单击"border"选项下方的"顶部"按钮▢，将"width"设置为1px，"style"设置为"solid"，"color"设置为蓝色（#29679C），如图7-63所示。用相同的方法设置左边线样式，如图7-64所示。单击"文本"按钮**T**，切换到文本属性，单击"text-decoration"选项右侧的"underline"按钮**T**，如图7-65所示。

图7-63

图7-64

图7-65

**06** 保存文档，按F12键预览网页效果，如图7-66所示。当鼠标指针滑过导航按钮时，背景和边框颜色改变，效果如图7-67所示。

图7-66

图7-67

## 7.5.2 布局属性

"布局"选项组用于控制网页中块元素的大小、边距、填充和位置属性等，如图7-68所示。

"布局"选项组包括以下CSS属性。

"width"（宽）和"height"（高）选项：设置元素的宽度和高度，使盒子的宽度不受它所包含内容的影响。

"min-width"（最小宽度）和"min-height"（最小高度）选项：设置元素的最小宽度和最小高度。

"max-width"（最大宽度）和"max-height"（最大高度）选项：设置元素的最大宽度和最大高度。

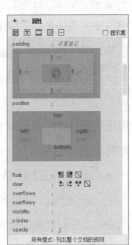

图7-68

"display"（显示）选项：指定是否及如何显示元素，选择"none"（无）选项表示关闭应用此属性元素的显示。

"box-sizing"（盒子模型）选项：设置对象的盒子模型，并固定盒子模型的宽度和高度边界。

"margin"（边界）选项组：控制围绕块元素的间隔数量，包括"top"（上）、"bottom"（下）、"right"（左）和"Left"（右）4个选项；若单击"更改所有属性"按钮，则可设置块元素具有相同的间隔效果，否则块元素具有不同的间隔效果。

"padding"（填充）选项组：控制元素内容与盒子边框的间距，包括"top"（上）、"bottom"（下）、"Left"（左）和"right"（右）4个选项；若单击"更改所有属性"按钮，则可设置块元素的各个边具有相同的填充效果，否则块元素的各个边具有不同的填充效果。

"position"（类型）选项：确定定位的类型，其下拉列表中包括"static"（静态）、"absolute"（绝对）、"fixed"（固定）和"relative"（相对）4个选项。"static"（静态）选项表示以对象在文档中的位置为坐标原点，将层放在它所在文本中的位置；"absolute"（绝对）选项表示以页面左上角为坐标原点，使用"定位"选项中输入的坐标值来放置层；"fixed"（固定）选项表示以页面左上角为坐标原点放置内容，当用户滚动页面时，内容将在此位置保持固定；"relative"（相对）选项表示以对象在文档中的位置为坐标原点，使用"定位"选项中输入的坐标来放置层。确定定位类型后，可通过"top"（上）、"right"（右）、"bottom"（下）和"left"（左）4个选项来确定元素在网页中的具体位置。

"float"（浮动）选项：设置网页元素（如文本、层、表格等）的浮动效果，IE浏览器和Netscape浏览器都支持"float"选项的设置。

"clear"（清除）选项：清除设置的浮动效果。

"overflow-x"（水平溢位）和"overflow-y"（垂直溢位）选项：此选项仅限于CSS层，用于确定在层的内容超出它的尺寸时的显示状态。其中，"visible"（可见）选项表示当层的内容超出层的尺寸时，层向右下方扩展以增加层的尺寸，使层内的所有内容均可见；"hidden"（隐藏）选项表示保持层的大小不变并隐藏层内任何超出层尺寸的内容；"scroll"（滚动）选项表示不论层的内容是否超出层的边界都在层内添加滚动条，不显示在文档编辑窗口中，并且仅适用于支持滚动条的浏览器；"auto"（自动）选项表示滚动条仅在层的内容超出层的边界时才显示，不显示在文档编辑窗口中。

"visibility"（显示）选项：确定层的初始显示条件，包括"inherit"（继承）、"visible"（可见）、"hidden"（隐藏）和"collapse"（合并）4个选项。"inherit"（继承）选项表示继承父级层的可见性属性，如果层没有父级层，则它将是可见的；"visible"（可见）选项表示无论父级层如何设置，都显示该层的内容；"hidden"（隐藏）选项表示无论父级层如何设置，都隐藏层的内容。如果不设置"visibility"（显示）选项，则默认情况下大多数浏览器都继承父级层的属性。

"z-index"（z 轴）选项：确定层的堆叠顺序，为元素设置重叠效果；编号较高的层显示在编号较低的层的上面；该选项使用整数，可以为正，也可以为负。

"opacity"（不透明度）选项：设置元素的不透明度，取值范围为0~1，当值为0时表示元素完全透明，当值为1时表示元素完全不透明。

## 7.5.3 文本属性

"文本"选项组用于控制网页中文本的字体、字号、颜色、行距、首行缩进、对齐方式、文本阴影和列表属性等，如图7-69所示。

"文本"选项组包括以下CSS属性。

"color"（颜色）选项：设置文本的颜色。

"font-family"（字体）选项：为文本设置字体。

"font-style"（样式）选项：指定字体的样式为"normal"（正常）、"italic"（斜体）或"oblique"（偏斜体），默认设置为"normal"。

图7-69

"font-variant"（变体）选项：将正常文本缩小一半尺寸后大写显示，IE浏览器不支持该选项，Dreamweaver 2020文档编辑窗口中不显示该选项。

"font-weight"（粗细）选项：为字体设置粗细效果，包含"normal"（正常）"bold"（粗体）、"bolder"（特粗）、"lighter"（细体）和具体粗细值多个选项；通常"normal"选项等于400像素，"bold"选项等于700像素。

"font-size"（大小）选项：定义文本的大小，在选项右侧的下拉列表中选择具体数值和度量单位；一般以像素为单位，因为它可以有效地防止浏览器破坏文本的显示效果。

"line-height"（行高）选项：设置文本所在行的高度，在选项右侧的下拉列表中选择具体数值和度量单位；若选择"normal"（正常）选项，则自动计算字体大小以适应行高。

　　"text-align"（文本对齐）选项：设置区块文本的对齐方式，包括"left"（左对齐）按钮▤、"center"（居中对齐）按钮▤、"right"（右对齐）按钮▤和"justify"（两端对齐）按钮▤。

　　"text-decoration"（修饰）选项：控制链接文本的显示形态，包括"none"（无）按钮◻、"underline"（下划线）按钮▼、"overline"（上划线）按钮▼、"Line-through"（删除线）按钮▼；正常文本的默认设置是"none"，链接的默认设置为"underline"。

　　"text-indent"（文字缩进）选项：设置区块文本的缩进程度，若让区块文本凸出显示，则该选项为负值，但显示效果主要取决于浏览器。

　　"text-shadow"（文本阴影）选项：设置文本的阴影效果，可以为文本添加一个或多个阴影效果；"h-shadow"（水平阴影位置）选项设置阴影的水平位置，"v-shadow"（垂直阴影位置）选项设置阴影的垂直位置，"blur"（模糊）选项设置阴影的边缘模糊效果，"color"（颜色）选项设置阴影的颜色。

　　"text-transform"（大小写）选项：将选择的内容中的每个单词的首字母大写，或将文本设置为全部大写或小写；它包括"none"（无）按钮◻、"capitalize"（首字母大写）按钮ᴬᵇ、"uppercase"（大写）按钮ᴬᴮ和"lowercase"（小写）按钮ₐᵦ。

　　"letter-spacing"（字母间距）选项：设置字母间的距离，若要减少字母间距，则可以将其设置为负值，IE浏览器4.0和更高版本，以及Netscape浏览器6.0支持该选项。

　　"word-spacing"（单词间距）选项：设置文字间的距离，若要减少单词间距，则可以将其设置为负值，但显示效果主要取决于浏览器。

　　"white-space"（空格）选项：控制元素中的空格输入，包括"normal"（正常）、"nowrap"（不换行）、"pre"（保留）、"pre-line"（保留换行符）和"pre-wrap"（保留换行）5个选项。

　　"vertical-align"（垂直对齐）选项：控制文字或图像相对于其母体元素的垂直位置，若将图像同其母体元素文字的顶部垂直对齐，则该图像将在该行文字的顶部显示。该选项组包括"baseline"（基线）、"sub"（下标）、"super"（上标）、"top"（顶部）、"text-top"（文本顶对齐）、"middle"（中线对齐）、"bottom"（底部）和"text-bottom"（文本底对齐）8个选项；"baseline"选项表示将元素的基准线同母体元素的基准线对齐，"top"选项表示将元素的顶部同最高的母体元素对齐，"bottom"选项表示将元素的底部同最低的母体元素对齐，"sub"选项表示将元素以下标的形式显示，"super"选项表示将元素以上标的形式显示，"text-top"选项表示将元素顶部同母体元素文字的顶部对齐，"middle"选项表示将元素中线同母体元素文字的中线对齐，"text-bottom"选项表示将元素底部同母体元素文字的底部对齐。

　　"list-style-position"（位置）选项：用于描述列表的位置，包括"inside"（内）按钮▤和"outside"（外）按钮▤。

　　"list-style-image"（项目符号图像）选项：为项目符号指定自定义图像，包括"URL"（链接）和"none"（无）。

　　"list-style-type"（类型）选项：设置项目符号或编号的外观，其下拉列表中有21个选项，其中比较常用的有"disc"（圆点）、"circle"（圆圈）、"square"（方块）、"decimal"（数字）、"lower-roman"（小写罗马数字）、"upper-roman"（大写罗马数字）、"lower-alpha"（小写字母）、"upper-alpha"（大写字母）和"none"（无）等。

## 7.5.4 边框属性

"边框"选项组用于控制块元素的边框粗细、样式、颜色及圆角，如图7-70所示。

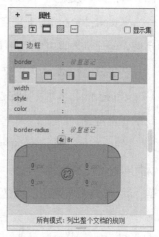

"边框"选项组包括以下CSS属性。

"border"（边框）选项：以速记的方法设置所有边框的粗细、样式及颜色。如果需要对单个边框或多个边框进行自定义，可以单击"border"选项下方的"所有边"按钮、"顶部"按钮、"右侧"按钮、"底部"按钮、"左侧"按钮，以切换到相应的属性；通过"width"（宽度）、"style"（样式）、和"color"（颜色）3个属性值来设置边框的显示效果。

"width"（宽度）选项：设置块元素边框线的粗细，其下拉列表中包括"thin"（细）、"medium"（中）、"thick"（粗）以及单位等选项。

图7-70

"style"（样式）选项：设置块元素边框线的样式，其下拉列表中包括"none"（无）、"dotted"（点划线）、"dashed"（虚线）、"solid"（实线）、"double"（双线）、"groove"（槽状）、"ridge"（脊状）、"inset"（凹陷）和"outset"（凸出）9个选项。若取消勾选"全部相同"复选框，则可为块元素的各边框设置不同的样式。

"color"（颜色）选项：设置块元素边框线的颜色。若取消勾选"全部相同"复选框，则可为块元素各边框设置不同的颜色。

"border-radius"（圆角）选项：以速记的方法设置所有边角的半径（r）。例如，设置速记为"10px"，表示所有边角的半径均为10px；如果需要设置单个边角的半径，则可直接在相应的边角处输入数值，如图7-71所示。

4r：单击此按钮，边角以4r的方式输入，如图7-72所示。

8r：单击此按钮，边角以8r的方式输入，如图7-73所示。

"border-collapse"（边框折叠）选项：设置边框是否折叠为单一边框显示，包括"collapse"（合并）按钮和"separate"（分离）按钮两个按钮。

图7-71

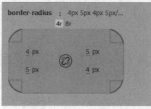
图7-72

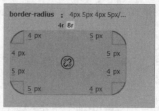
图7-73

"border-spacing"（边框空间）选项：设置两个相邻边框之间的距离，仅用于"border-collapse"选项为"separate"时。

## 7.5.5 背景属性

"背景"选项组用于在网页元素后加入背景图像或背景颜色，如图7-74所示。

"背景"选项组包括以下CSS属性。

"background-color"（背景颜色）选项：设置网页元素的背景颜色。

"background-image"（背景图像）选项：设置网页元素的背景图像。

图7-74

"background-position"（背景位置）选项：设置背景图像相对于元素的初始位置，包括水平方向的"left"（左对齐）、"right"（右对齐）和"center"（居中对齐），以及垂直方向的"top"（顶部）、"bottom"（底部）和"center"（居中）6个选项，该选项可将背景图像与页面中心水平或垂直对齐。

"background-size"（背景尺寸）选项：设置背景图像的宽度和高度以确定背景图像的大小。

"background-dip"（背景剪辑）选项：设置背景的绘制区域，包括"padding-box"（剪辑内边距）、"border-box"（剪辑边框）"content-box"（剪辑内容框）3个选项。

"background-repeat"（背景重复）选项：设置背景图像的平铺方式，包括"repeat"（重复）按钮▦、"repeat-x"（横向重复）按钮▬、"repeat-y"（纵向重复）按钮▮和"no-repeat"（不重复）按钮▪。若单击"repeat"按钮▦，则在元素的后面水平或垂直平铺图像；若单击"repeat-x"按钮▬或"repeat-y"按钮▮，则分别在元素的后面沿水平方向平铺图像或沿垂直方向平铺图像，此时图像被剪辑以适合元素的边界；若单击"no-repeat"按钮▪，则在元素开始处按原图大小显示一次图像。

"background-origin"（背景原点）选项：设置"background-position"选项以哪种方式进行位置定位，包括"padding-box"（剪辑内边距）"border-box"（剪辑边框）"content-box"（剪辑内容框）3个选项；当"background-attachment"选项为"fixed"时，该属性无效。

"background-attachment"（背景滚动）选项：设置背景图像为固定或随页面内容的移动而移动，包括"scroll"（滚动）和"fixed"（固定）两个选项。

"box-shadow"（方框阴影）选项组：设置方框阴影效果，可为方框添加一个或多个阴影。"h-shadow"（水平阴影位置）和"v-shadow"（垂直阴影位置）选项可设置阴影的水平和垂直位置，"blur"（模糊）选项可设置阴影的边缘模糊效果，"color"（颜色）选项可设置阴影的颜色，"inset"（可选）选项设置外部阴影与内部阴影之间的切换。

# 7.6 过渡效果

　　当进行单击、鼠标指针滑过等操作或对元素进行任何改变时可以触发CSS过渡效果，使用"CSS过渡效果"面板能够创建、编辑和删除过渡效果，并允许CSS属性值在一定时间区间内平滑过渡。

## 7.6.1 课堂案例——足球运动网页

**案例学习目标** 使用"CSS过渡效果"命令制作过渡效果。

**案例知识要点** 使用"CSS设计器"面板设置文字的字体、颜色，使用"CSS过渡效果"面板设置文字的变色效果，如图7-75所示。

**效果所在位置** 学习资源\Ch07\效果\足球运动网页\index.html。

**01** 选择"文件 > 打开"命令，在弹出的"打开"对话框中，选择本书学习资源中的"Ch07\素材\足球运动网页\index.html"文件，单击"打开"按钮打开文件，效果如图7-76所示。

图7-75

图7-76

**02** 选择"窗口 > CSS设计器"命令，弹出"CSS设计器"面板。单击"选择器"选项组中的"添加选择器"按钮 **+**，"选择器"选项组中出现文本框，在其中输入名称".text"，按Enter键确认，如图7-77所示。在"属性"选项组中单击"文本"按钮 **T**，切换到文本属性，将"color"设置为白色，"font-family"设置为"ITC Franklin Gothic Heavy"，"font-size"设置为48px，如图7-78所示。

图7-77

图7-78

**03** 选中图7-79所示的文本，在"属性"面板的"类"下拉列表中选择"text"选项，应用样式，效果如图7-80所示。

图7-79

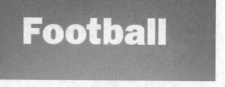

图7-80

**04** 选择"窗口 > CSS过渡效果"命令，弹出"CSS过渡效果"面板，如图7-81所示。单击"新建过渡效果"按钮➕，弹出"新建过渡效果"对话框，如图7-82所示。

图7-81

图7-82

**05** 在"目标规则"下拉列表中选择".text"选项，"过渡效果开启"下拉列表中选择"hover"选项，将"持续时间"设置为2s，"延迟"设置为1s，如图7-83所示。单击"属性"选项下方的➕按钮，在弹出的菜单中选择"color"命令，将"结束值"设置为红色（#FF0004），如图7-84所示，

图7-83

图7-84

单击"创建过渡效果"按钮，完成过渡效果的创建。

**06** 在Dreamweaver 2020中看不到过渡的真实效果，只有在浏览器的状态下才能看到真实效果。保存文档，按F12键预览网页效果，如图7-85所示。当鼠标指针悬停在文本上时，文本延迟1s变为红色，如图7-86所示。

图7-85

图7-86

## 7.6.2 "CSS过渡效果"面板

在"CSS过渡效果"面板中可以新建、删除和编辑CSS过渡效果，如图7-87所示。

"新建过渡效果"按钮⊞：单击此按钮，可以创建新的过渡效果。

"删除选定的过渡效果"按钮⊟：单击此按钮，可以将选择的过渡效果删除。

图7-87

"编辑所选过渡效果"按钮⊘：单击此按钮，可以在弹出的"编辑过渡效果"对话框中修改所选过渡效果的属性。

## 7.6.3 创建CSS过渡效果

在创建CSS过渡效果时，需要为元素指定过渡效果类。如果在创建效果类之前已选择元素，则过渡效果类会自动应用于选择的元素。

创建CSS过渡效果的具体操作步骤如下。

（1）新建或打开一个文档。

（2）选择"窗口 > CSS过渡效果"命令，弹出"CSS过渡效果"面板，如图7-88所示。

（3）单击"新建过渡效果"按钮⊞，弹出"新建过渡效果"对话框，如图7-89所示。

"目标规则"选项：用于选择或输入所要创建过渡效果的类型。

"过渡效果开启"选项：用于设置过渡效果以哪种类型触发。

图7-88

图7-89

"对所有属性使用相同的过渡效果"选项：选择此选项，"持续时间""延迟""计时功能"选项的设置相同。

"对每个属性使用不同过渡效果"选项：选择此选项，可以将"持续时间""延迟""计时功能"选项设置为不同的值。

"属性"选项：用于添加属性值，单击"属性"选项下方的⊞按钮，在弹出的菜单中选择需要的属性。

"结束值"选项：用于设置添加属性后的值。

"选择过渡的创建位置"选项：用于设置过渡效果所保存的位置，包括"（仅限该文档）"和"（新建样式表文件）"两个选项。

（4）设置好选项后，单击"创建过渡效果"按钮，完成过渡效果的创建，"CSS过渡效果"面板中将自动生成创建的过渡效果。

（5）在Dreamweaver 2020中看不到过渡的真实效果，只有在浏览器的状态下才能看到真实效果。保存文档，按F12键预览网页效果。

## 课堂练习——电商网页

练习知识要点 使用"CSS设计器"面板设置文本的大小、颜色及行距，如图7-90所示。

素材所在位置 学习资源\Ch07\素材\电商网页\index.html。

效果所在位置 学习资源\Ch07\效果\电商网页\index.html。

图7-90

## 课后习题——布艺沙发网页

习题知识要点 使用"CSS过渡效果"面板制作超链接变化效果，如图7-91所示。

素材所在位置 学习资源\Ch07\素材\布艺沙发网页\index.html。

效果所在位置 学习资源\Ch07\效果\布艺沙发网页\index.html。

图7-91

# 第 8 章

## 模板和库

**本章介绍**

每个网站都是由多个整齐、规范、流畅的网页组成的。为了保持网站中网页风格的统一，需要在每个网页中制作一些相同的内容，如相同栏目下的导航条、各类图标等，因此网页制作者需要花费大量的时间和精力在重复性的工作上。为了减少网页制作者的工作量，提高他们的工作效率，Dreamweaver 2020提供了模板和库功能。

**学习目标**

- 掌握"资源"面板的使用方法
- 掌握模板、可编辑区域、重复区域、重复表格的创建方法
- 掌握模板的重命名、修改模板文件、更新站点和删除模板文件的方法
- 掌握创建库项目的方法
- 掌握重命名、删除、修改和更新库项目的方法

**技能目标**

- 掌握慕斯蛋糕店网页的制作方法
- 掌握律师事务所网页的制作方法

# 8.1 "资源"面板

　　"资源"面板用于管理和使用制作网站的各种元素，如图像或影片文件等。选择"窗口 > 资源"命令，弹出"资源"面板，如图8-1所示。

　　"资源"面板提供了"站点"和"收藏"两种查看资源的方式，"站点"列表显示站点的所有资源，"收藏"列表仅显示用户曾明确选择的资源。在这两个列表中，资源被分成"图像" 🖼 、"颜色" 📰 、"链接" 🔗 、"媒体" 🎬 、"脚本" 🖳 、"模板" 📄 、"库" 📖 7种类别，显示在"资源"面板的左侧。"图像"只显示GIF、JPEG或PNG格式的图像文件；"颜色"显示站点的文档和样式表中使用的颜色，包括文本颜色、背景颜色和链接颜色；"链接"显示当前站点文档中的外部链接，包括FTP、GOPHER、HTTP、HTTPS、JavaScript、电子邮件（mailto）和本地文件（file://）类型的链接；"媒体"显示任意版本的"*.quicktime"或"*.mpeg"格式文件，以及"*.swf"格式文件，不显示Flash源文件；"脚本"显示独立的JavaScript或VBScript文件；"模板"显示模板文件，方便用户在多个页面上重复使用同一页面布局；"库"显示定义的库项目。

　　在"资源"面板中，会根据选择的类别在面板底部排列"插入"按钮 插入 、"刷新站点列表"按钮 🔄 、"新建"按钮 🔁 、"编辑"按钮 📝 、"添加到收藏夹"按钮 🔖 和"删除"按钮 🗑 。"插入"按钮用于将"资源"面板中选择的元素直接插入文档中，"刷新站点列表"按钮用于刷新站点列表，"新建"按钮用于创建新的资源，"编辑"按钮用于编辑当前选择的元素，"添加到收藏夹"按钮用于将所选内容添加到收藏夹，"删除"按钮用于删除选择的元素。单击面板右上方的菜单

图8-1　　　　　　　　　　　　　　图8-2

按钮 ≡ ，弹出一个菜单，菜单中包括"资源"面板中的一些常用命令，如图8-2所示。

# 8.2 模板

　　模板可以理解成模具，当需要制作相同的东西时只需将原始素材放入模板即可实现，既省时又省力。Dreamweaver 2020提供的模板也是基于此目的，如果要制作大量相同或相似的网页，只需在页面布局设计好之后将它保存为模板页面，然后利用模板创建相同布局的网页，并且在修改模板的同时会修改附加该模板的所有页面的布局。这样就能大大提高设计者的工作效率。

　　将文档另存为模板时，Dreamweaver 2020会自动锁定文档的大部分区域。模板创作者需指定模板文档中的哪些区域可编辑，哪些网页元素应长期保留，不可编辑。

Dreamweaver 2020中共有4种类型的模板区域。

可编辑区域：基于模板的文档中的未锁定区域，它是模板用户可以编辑的部分。模板创作者可以将模板的任何区域指定为可编辑的。要让模板生效，它应该至少包含一个可编辑区域，否则将无法编辑基于该模板的页面。

重复区域：文档中设置为重复的布局部分。例如，可以设置重复一个表格行。通常重复区域是可编辑的，这样模板用户就可以编辑重复元素中的内容，同时使设计本身处于模板创作者的控制之下。在基于模板的文档中，模板用户可以根据需要，使用重复区域控制选项添加或删除重复区域的副本。可在模板中插入两种类型的重复区域，即重复区域和重复表格。

可选区域：模板中指定为可选的部分，用于保存有可能在基于模板的文档中出现的内容，如可选文本或图像。在基于模板的页面上，模板用户通常控制是否显示内容。

可编辑标签属性：在模板中解锁标签属性，以便该属性可以在基于模板的页面中编辑。

# 8.2.1 课堂案例——慕斯蛋糕店网页

**案例学习目标** 使用"插入"面板的"模板"选项卡中的按钮创建网页模板。

**案例知识要点** 使用"创建模板"按钮创建网页模板，使用"可编辑区域"按钮制作可编辑区域，如图8-3所示。

**效果所在位置** 学习资源\Templates\musi.dwt。

图8-3

### 1. 创建模板

**01** 选择"文件 > 打开"命令，在弹出的"打开"对话框中，选择本书学习资源中的"Ch08\素材\慕斯蛋糕店网页\index.html"文件，单击"打开"按钮打开文件，如图8-4所示。

图8-4

**02** 单击"插入"面板的"模板"选项卡中的"创建模板"按钮 □，在弹出的"另存模板"对话框中进行设置，如图8-5所示。单击"保存"按钮，弹出"Dreamweaver"提示对话框，如图8-6所示。单击"是"按钮，将当前文档转换为模板文档，文档名称也随之改变，如图8-7所示。

图8-5        图8-6        图8-7

### 2. 创建可编辑区域

**01** 选中图8-8所示的图片，单击"插入"面板的"模板"选项卡中的"可编辑区域"按钮 □，弹出"新建可编辑区域"对话框，在"名称"文本框中输入名称，如图8-9所示。单击"确定"按钮，创建可编辑区域，如图8-10所示。

图8-8        图8-9        图8-10

**02** 选中图8-11所示的图片，单击"插入"面板的"模板"选项卡中的"可编辑区域"按钮 □，弹出"新建可编辑区域"对话框，在"名称"文本框中输入名称，如图8-12所示。单击"确定"按钮，创建可编辑区域，如图8-13所示。至此，网页模板制作完成。

图8-11        图8-12        图8-13

## 8.2.2 创建模板

在Dreamweaver 2020中创建模板非常容易，如同制作网页一样。当用户创建模板之后，Dreamweaver 2020会自动把模板存储在站点的本地根目录下的"Templates"子文件夹中，文件扩展名为".dwt"。如果此文件夹不存在，当存储一个新模板时，Dreamweaver 2020将自动生成"Templates"子文件夹。

### 1. 创建空模板

创建空模板有以下几种方法。

① 在打开的文档编辑窗口中单击"插入"面板的"模板"选项卡中的"创建模板"按钮 ，将当前文档转换为模板文档。

② 在"资源"面板中单击"模板"按钮 ，如图8-14所示。单击下方的"新建"按钮 ，创建空模板。此时新的模板被添加到"资源"面板的"模板"列表中，为该模板输入名称，如图8-15所示。

③ 在"资源"面板的"模板"列表中单击鼠标右键，在弹出的菜单中选择"新建模板"命令。

图8-14

图8-15

> **提示** 如果要修改新建的空模板，则可先在"模板"列表中选择该模板，然后单击"资源"面板右下方的"编辑"按钮 。如果要重命名新建的空模板，则可单击"资源"面板右上方的菜单按钮 ，从弹出的菜单中选择"重命名"命令，然后输入新名称。

### 2. 将现有文档另存为模板

（1）选择"文件 > 打开"命令，弹出"打开"对话框，如图8-16所示。选择要作为模板的网页，然后单击"打开"按钮。选择"文件 > 另存为模板"命令，弹出"另存模板"对话框，输入模板名称，如图8-17所示。

（2）单击"保存"按钮，当前文档的扩展名为".dwt"，如图8-18所示，表明当前文档是一个模板文档。

图8-16

图8-17

图8-18

## 8.2.3 定义和取消可编辑区域

创建模板后，网页设计者需要根据用户的需求对模板的内容进行编辑，指定哪些内容是可以编辑的，哪些内容是不可以编辑的。模板的不可编辑区域是指基于模板创建的网页中固定不变的区域，模板的可编辑区域是指基于模板创建的网页中用户可以编辑的区域。当创建一个模板或将一个网页另存为模板时，Dreamweaver 2020默认将所有区域标记为锁定，因此用户要根据具体要求定义和修改模板的可编辑区域。

### 1. 对已有的模板进行修改

在"资源"面板的"模板"列表中选择要修改的模板名，单击面板右下方的"编辑"按钮 ▷ 或双击模板名后，就可以在文档编辑窗口中编辑该模板了。

> **提示** 当模板应用于文档时，用户只能在可编辑区域中进行更改，无法修改锁定区域。

### 2. 定义可编辑区域

（1）选择区域。

选择区域有以下两种方法。

① 在文档编辑窗口中选择要设置为可编辑区域的文本或内容。

② 在文档编辑窗口中将光标置入要插入可编辑区域的地方。

（2）打开"新建可编辑区域"对话框。

打开"新建可编辑区域"对话框有以下几种方法。

① 在"插入"面板的"模板"选项卡中，单击"可编辑区域"按钮 ▷。

② 按Ctrl + Alt + V组合键。

③ 选择"插入 > 模板 > 可编辑区域"命令。

④ 在文档编辑窗口中单击鼠标右键，在弹出的菜单中选择"模板 > 新建可编辑区域"命令。

（3）创建可编辑区域。

在"名称"文本框中为该区域输入唯一的名称，如图8-19所示，然后单击"确定"按钮，创建可编辑区域，如图8-20所示。

可编辑区域在模板中由高亮显示的矩形边框围绕，该边框使用在"首选项"对话框中设置的标记色彩，该区域左上角显示该区域的名称。

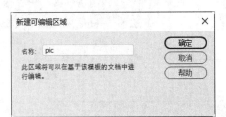

图8-19

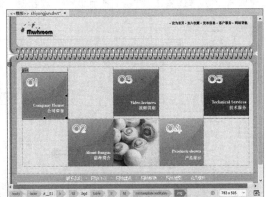

图8-20

（4）使用可编辑区域时要注意以下事项。

① 不要在"名称"文本框中使用特殊字符。

② 不能对同一模板中的多个可编辑区域使用相同的名称。

③ 可以将整个表格或单独的表格单元格标记为可编辑，但不能将多个表格单元格标记为单个可编辑区域。如果选择<td>标签，则可编辑区域中包括单元格周围的区域；如果未选择，则可编辑区域将只影响单元格中的内容。

④ 层和层内容是单独的元素，使层可编辑时可以更改层的位置及其内容，而使层的内容可编辑时只能更改层的内容而不能更改其位置。

⑤ 在普通网页文档中插入一个可编辑区域时，Dreamweaver 2020会警告用户该文档将自动另存为模板。

⑥ 可编辑区域不能嵌套插入。

### 3. 定义可编辑的重复区域

重复区域可以根据需要在基于模板的页面中复制任意次数的模板部分。重复区域通常用于表格，但也可以为其他页面元素定义重复区域。注意重复区域不是可编辑区域，若要使重复区域中的内容可编辑，必须在重复区域内插入可编辑区域。

定义可编辑重复区域的具体操作步骤如下。

（1）选择区域。

（2）打开"新建重复区域"对话框。

打开"新建重复区域"对话框有以下几种方法。

① 在"插入"面板的"模板"选项卡中，单击"重复区域"按钮 。

② 选择"插入 > 模板 > 重复区域"命令。

③ 在文档编辑窗口中单击鼠标右键，在弹出的菜单中选择"模板 > 新建重复区域"命令。

（3）创建可编辑重复区域。

在"名称"文本框中为重复区域输入唯一的名称，如图8-21所示，单击"确定"按钮，将重复区域插入模板中。选择重复区域或其中一部分，如表格、行或单元格，定义可编辑区域，如图8-22所示。

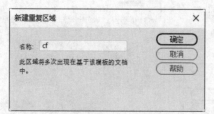

图8-21

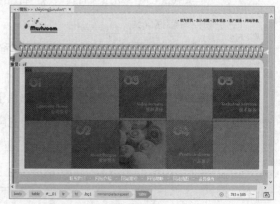

图8-22

**提示** 在一个重复区域内可以继续插入另一个重复区域。

### 4. 定义可编辑的重复表格

有时网页的内容经常变化，此时可使用"重复表格"功能创建模板。利用此模板创建的网页可以方便地增加或减少表格中格式相同的行，以满足内容变化的网页布局。要创建包含重复行格式的可编辑区域，可以使用"重复表格"按钮，从而定义表格属性，并设置哪些表格中的单元格可编辑。

定义重复表格的具体操作步骤如下。

（1）将光标置入文档编辑窗口中要插入重复表格的位置。

（2）打开"插入重复表格"对话框，如图8-23所示。

打开"插入重复表格"对话框有以下几种方法。

① 在"插入"面板的"模板"选项卡中，单击"重复表格"按钮 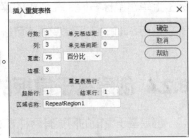。

② 选择"插入 > 模板 > 重复表格"命令。

"插入重复表格"对话框中各选项的作用如下。

"行数"选项：设置表格具有的行的数目。

图8-23

"列"选项：设置表格具有的列的数目。

"单元格边距"选项：设置单元格内容和单元格边界之间的距离，单位为像素。

"单元格间距"选项：设置表格相邻的单元格之间的距离，单位为像素。

"宽度"选项：以像素为单位或以浏览器窗口宽度的百分比设置表格的宽度。

"边框"选项：以像素为单位设置表格边框的宽度。

"重复表格行"选项组：设置表格中的哪些行包括在重复区域中。

"起始行"选项：将输入的行号设置为包括在重复区域中的第一行。

"结束行"选项：将输入的行号设置为包括在重复区域中的最后一行。

"区域名称"选项：为重复区域设置唯一的名称。

（3）按需要输入新值，单击"确定"按钮，重复表格即出现在模板中，如图8-24所示。

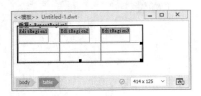

图8-24

使用重复表格要注意以下事项。

① 如果没有明确指定"单元格边距"和"单元格间距"的值，则大多数浏览器将按"单元格边距"为1、"单元格间距"为2来显示表格。若要浏览器显示的表格没有边距和间距，可将"单元格边距"选项和"单元格间距"选项均设置为0。

② 如果没有明确指定"边框"的值，则大多数浏览器将按"边框"为1显示表格。若要浏览器显示的表格没有边框，可将"边框"选项设置为0。若要在"边框"选项被设置为0时查看单元格和表格边框，可选择"查看 > 可视化助理 > 表格边框"命令。

③ 重复表格可以包含在重复区域内，但不能包含在可编辑区域内。

### 5. 取消可编辑区域标记

使用"取消可编辑区域"命令可取消可编辑区域的标记，将可编辑区域变成不可编辑区域。取消可编辑区域标记有以下两种方法。

① 先选择可编辑区域，然后选择"工具 > 模板 > 删除模板标记"命令，此时该区域变成不可编辑区域。

② 先选择可编辑区域，然后在文档编辑窗口下方的可编辑区域标签上单击鼠标右键，在弹出的菜单中选择"删除标签"命令，如图8-25所示，此时该区域变成不可编辑区域。

图8-25

## 8.2.4 创建基于模板的网页

创建基于模板的网页有两种方法，一种是使用"新建"命令创建基于模板的新文档，另一种是应用"资源"面板中的"模板"按钮来创建基于模板的网页。

### 1. 使用"新建"命令创建基于模板的新文档

选择"文件 > 新建"命令，打开"新建文档"对话框，单击"网站模板"选项卡，切换到"网页模板"中。在"站点"列表中选择本网站的站点，如"文稿"，再从右侧的列表中选择一个模板文件，如图8-26所示，单击"创建"按钮，创建基于该模板的新文档。

编辑好文档后，选择"文件 > 保存"命令，保存创建的文档。在文档编辑窗口中按照模板中的设置建立了一个新的页面，并可向可编辑区域内添加信息，如图8-27所示。

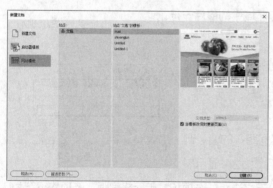

图8-26

图8-27

### 2. 应用"资源"面板中的"模板"按钮创建基于模板的网页

新建网页文档，选择"窗口 > 资源"命令，弹出"资源"面板。在"资源"面板中，单击左侧的"模板"按钮，再从"模板"列表中选择相应的模板，如图8-28所示，然后单击面板下方的"应用"按钮，在文档中应用该模板。

图8-28

# 8.2.5 管理模板

创建模板后可以重命名模板文件、修改模板文件、更新站点和删除模板文件。

### 1. 重命名模板文件

（1）选择"窗口 > 资源"命令，弹出"资源"面板，单击左侧的"模板"按钮 📄，面板右侧显示本站点的"模板"列表，如图8-29所示。

（2）在"模板"列表中双击模板的名称选中文本，然后输入一个新名称。

（3）按Enter键使更改生效，此时弹出"更新文件"对话框，如图8-30所示。若更新网站中所有基于此模板的网页，则单击"更新"按钮；否则，单击"不更新"按钮。

### 2. 修改模板文件

（1）选择"窗口 > 资源"命令，弹出"资源"面板，单击左侧的"模板"按钮 📄，面板右侧显示本站点的"模板"列表，如图8-31所示。

图8-29

图8-30

图8-31

（2）在"模板"列表中双击要修改的模板文件，将其打开，根据需要修改模板内容。例如，将表格首行的背景色由绿色变成蓝色，如图8-32和图8-33所示。

图8-32

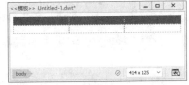
图8-33

### 3. 更新站点

用模板的最新版本更新整个站点或应用特定模板的所有网页的具体操作步骤如下。

（1）选择"工具 > 模板 > 更新页面"命令，弹出"更新页面"对话框，如图8-34所示。

图8-34

"更新页面"对话框中各选项的作用如下。

"查看"选项：设置是用模板的最新版本更新整个站点，还是更新应用特定模板的所有网页。

"更新"选项组：设置更新的类别，此时勾选"模板"复选框。

"显示记录"选项：设置是否查看Dreamweaver 2020更新文件的记录。如果勾选"显示记录"复选框，则Dreamweaver 2020将提供关于其试图更新的文件信息，包括是否更新成功的信息，如图8-35所示。

图8-35

"开始"按钮：单击此按钮，Dreamweaver 2020将按照指示更新文件。

"关闭"按钮：单击此按钮，关闭"更新页面"对话框。

（2）若用模板的最新版本更新整个站点，则可在"查看"选项右侧的第一个下拉列表中选择"整个站点"选项，然后在第二个下拉列表中选择站点名称；若更新应用特定模板的所有网页，则可在"查看"选项右侧的第一个下拉列表中选择"文件使用"选项，然后在第二个下拉列表中选择相应的网页名称。

（3）在"更新"选项组中勾选"模板"复选框。

（4）单击"开始"按钮，即可根据选择更新整个站点或应用特定模板的所有网页。

（5）单击"关闭"按钮，关闭"更新页面"对话框。

#### 4.删除模板文件

选择"窗口 > 资源"命令，弹出"资源"面板。单击"资源"面板左侧的"模板"按钮 ，右侧将显示本站点的"模板"列表。单击模板的名称选择该模板，单击面板下方的"删除"按钮 ，确认要删除该模板，此时该模板文件将从站点中删除。

> **提示** 删除模板文件后，基于此模板的网页不会与此模板分离，它们还保留被删除模板的结构和可编辑区域。

# 8.3 库

库是存储重复使用的页面元素的集合，是一种特殊的Dreamweaver 2020文件，库文件也称库项目。一般情况下，先将经常重复使用或更新的页面元素创建成库项目，需要时再将库项目插入网页中。当修改库项目时，所有包含该项目的页面都将被更新。因此，使用库项目可大大提高网页制作者的工作效率。

## 8.3.1　课堂案例——律师事务所网页

**案例学习目标**　使用"库"列表添加库项目，使用注册的库项目制作网页文档。

**案例知识要点**　使用"库"列表添加库项目，使用库中注册的项目制作网页文档，使用"CSS设计器"面板更改文本的颜色，如图8-36所示。

**效果所在位置**　学习资源\Ch08\效果\律师事务所网页\index.html。

图8-36

### 1. 把常用的图标和文本注册到库中

**01**　选择"文件 > 打开"命令，在弹出的"打开"对话框中，选择本书学习资源中的"Ch08\素材\律师事务所网页\index.html"文件，单击"打开"按钮打开文件，如图8-37所示。选择"窗口 > 资源"命令，弹出"资源"面板，在"资源"面板中，单击左侧的"库"按钮，面板右侧显示本站点的"库"列表，如图8-38所示。

图8-37

图8-38

**02**　选中图8-39所示的图像，单击"库"列表下方的"新建"按钮，选择的图像将添加为库项目，如图8-40所示。在可输入状态下，将其重命名为"ls-logo"。按Enter键，弹出"更新文件"对话框，如图8-41所示。单击"更新"按钮，"库"列表如图8-42所示。

图8-39

图8-40

图8-41

图8-42

155

**03** 选中图8-43所示的图像，单击"库"列表下方的"新建"按钮，选中的图像将添加为库项目，将其重命名为"ls-dh"并按Enter键，弹出"更新文件"对话框，单击"更新"按钮，"库"列表如图8-44所示。

图8-43       图8-44

**04** 选中图8-45所示的文字，单击"库"列表下方的"新建"按钮，将选择的文本添加为库项目，将其重命名为"ls-text"并按Enter键，弹出"更新文件"对话框，单击"更新"按钮，"库"列表如图8-46所示。文档编辑窗口中文本的背景变成黄色，效果如图8-47所示。

图8-45      图8-46       图8-47

## 2. 利用库中注册的项目制作网页文档

**01** 选择"文件 > 打开"命令，在弹出的"打开"对话框中，选择本书学习资源中的"Ch08\素材\律师事务所网页\ziye.html"文件，单击"打开"按钮打开文件，如图8-48所示。将光标置入图8-49所示的单元格中。

图8-48       图8-49

**02** 选择"库"列表中的"ls-logo"选项，如图8-50所示，将其拖曳到顶部的单元格中，如图8-51所示，松开鼠标，效果如图8-52所示。

图8-50       图8-51       图8-52

图8-53

**03** 选择"库"列表中的"ls-dh"选项，如图8-53所示，将其拖曳到顶部右侧的单元格中，效果如图8-54所示。

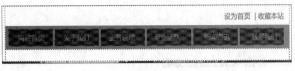

图8-54

**04** 选择"库"列表中的"ls-text"选项，如图8-55所示，将其拖曳到底部的单元格中，效果如图8-56所示。保存文档，按F12键预览网页，效果如图8-57所示。

图8-55

图8-56

图8-57

### 3. 修改库中注册的项目

**01** 返回Dreamweaver 2020界面，在"库"列表中双击"ls-text"选项，进入库项目的编辑界面，效果如图8-58所示。

**02** 选择"窗口 > CSS设计器"命令，弹出"CSS设计器"面板。单击"源"选项组中的"添加CSS源"按钮➕，在弹出的菜单中选择"在页面中定义"命令，如图8-59所示。单击"选择器"选项组中的"添加选择器"按钮➕，在"选择器"选项组的文本框中输入".text"，按Enter键确认，效果如图8-60所示。

图8-58

图8-59

图8-60

图8-61

**03** 在"属性"选项组中单击"文本"按钮 $\boxed{T}$，切换到文本属性，将"color"设置为红色（#dd0000），如图8-61所示。选中图8-62所示的文字，在"属性"面板的"类"下拉列表中选择"text"选项，应用样式，效果如图8-63所示。

图8-62

图8-63

**04** 选择"文件 > 保存"命令，弹出"更新库项目"对话框，如图8-64所示。单击"更新"按钮，弹出"更新页面"对话框，单击"关闭"按钮。返回"ziye.html"文档编辑窗口中，按F12键预览网页效果，可以看到文字的颜色发生了改变，如图8-65所示。

图8-64

图8-65

## 8.3.2 创建库项目

库项目可以包含文档\<body\>标签中的任意元素，包括文本、表格、表单、Java Applet、插件、ActiveX元素、导航条和图像等。库项目只是一个对网页元素的引用，原始文件必须保存在指定的位置。

可以使用文档\<body\>标签中的任意元素创建库项目，也可新建一个空白库项目。

### 1. 基于选择内容创建库项目

先在文档编辑窗口中选择要创建为库项目的网页元素，然后创建库项目，并为新的库项目输入一个名称。

创建库项目有以下几种方法。

① 选择"窗口 > 资源"命令，弹出"资源"面板。单击左侧的"库"按钮 🔖，进入"库"列表。选择要创建库项目的对象，单击"库"列表底部的"新建"按钮 🚭。

② 选择要创建库项目的对象，在"库"列表中单击鼠标右键，在弹出的菜单中选择"新建库项目"命令。

③ 选择要创建库项目的对象，选择"工具 > 库 > 增加对象到库"命令。

**提示** Dreamweaver 2020在站点本地根目录的"Library"文件夹中，将每个库项目都保存为一个单独的文件（文件扩展名为".lbi"）。

### 2. 创建空白库项目

（1）确保没有在文档编辑窗口中选择任何内容。

（2）选择"窗口 > 资源"命令，弹出"资源"面板。单击左侧的"库"按钮 ，进入"库"列表。

（3）单击"库"列表底部的"新建"按钮 ，一个新的无标题的库项目被添加到面板的"库"列表中，如图8-66所示。为该库项目输入一个名称，并按Enter键确认输入。

图8-66

## 8.3.3 向页面添加库项目

向页面添加库项目时，将把实际内容和对该库项目的引用一起插入文档中。此时，无须提供原库项目就可以正常显示。在页面中插入库项目的具体操作步骤如下。

（1）将光标置入文档编辑窗口中的合适位置。

（2）选择"窗口 > 资源"命令，弹出"资源"面板。单击左侧的"库"按钮 ，进入"库"列表。将库项目插入网页中，效果如图8-67所示。

将库项目插入网页有以下几种方法。

① 将一个库项目从"库"列表拖曳到文档编辑窗口中。

② 在"库"列表中选择一个库项目，然后单击面板底部的"插入"按钮 。

图8-67

**提示** 要在文档中插入库项目的内容而不包括对该库项目的引用，可在从"资源"面板向文档中拖曳该库项目的同时按住Ctrl键，插入的效果如图8-68所示。如果用这种方法插入库项目，则可以在文档中编辑该库项目，但当更新该库项目时，使用该库项目的文档不会随之更新。

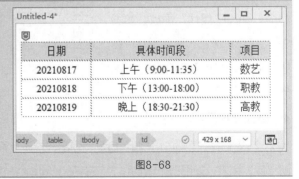

图8-68

## 8.3.4 管理库项目

当修改库项目时，会更新使用该库项目的所有文档。如果选择不更新，那么文档将保持与库项目的关联，可以在以后进行更新。

对库项目的管理包括重命名库项目、删除库项目、重新创建已删除的库项目、修改库项目、更新库项目。

### 1. 重命名库项目

重命名库项目可以断开其与文档或模板的连接。重命名库项目的具体操作步骤如下。

（1）选择"窗口 > 资源"命令，弹出"资源"面板。单击左侧的"库"按钮 📖，进入"库"列表。

（2）在"库"列表中，双击要重命名的库项目的名称，使文本可选，然后输入一个新名称。

（3）按Enter键使更改生效，此时弹出"更新文件"对话框，如图8-69所示。若更新站点中所有使用该项目的文档，单击"更新"按钮；否则，单击"不更新"按钮。

图8-69

### 2. 删除库项目

选择"窗口 > 资源"命令，弹出"资源"面板。单击左侧的"库"按钮 📖，进入"库"列表，然后删除选择的库项目。

删除库项目有以下两种方法。

① 在"库"列表中选择库项目，单击面板底部的"删除"按钮 🗑，然后确认要删除该库项目。

② 在"库"列表中选择库项目，然后按Delete键并确认要删除该库项目。

> **提示** 删除一个库项目后，将无法使用"编辑 > 撤销"命令来找回它，只能重新创建。从"库"列表中删除库项目后，不会更改任何使用该库项目的文档的内容。

### 3. 重新创建已删除的库项目

若网页中已插入了库项目，但该库项目被误删，此时可以重新创建库项目。重新创建已删除库项目的具体操作步骤如下。

（1）在网页中选择被删除的库项目的一个实例。

（2）选择"窗口 > 属性"命令，弹出"属性"面板，如图8-70所示，单击"重新创建"按钮，此时，"库"列表中显示该库项目。

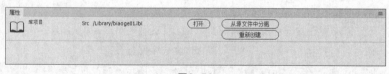

图8-70

### 4. 修改库项目

（1）选择"窗口 > 资源"命令，弹出"资源"面板，单击左侧的"库"按钮 📖，面板右侧显示本站点的"库"列表，如图8-71所示。

（2）在"库"列表中双击要修改的库项目或单击面板底部的"编辑"按钮 📝 来打开库项目，如图8-72所示，此时可以根据需要修改库项目的内容。

图8-71

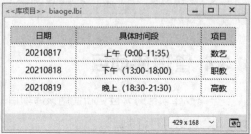

图8-72

**5. 更新库项目**

用库项目的最新版本更新整个站点或插入该库项目的所有网页的具体操作步骤如下。

（1）打开"更新页面"对话框。

（2）若用库项目的最新版本更新整个站点，则在"查看"选项右侧的第一个下拉列表中选择"整个站点"选项，然后从第二个下拉列表中选择站点名称。若更新插入该库项目的所有网页，则在"查看"选项右侧的第一个下拉列表中选择"文件使用"选项，然后从第二个下拉列表中选择相应的网页名称。

（3）在"更新"选项组中勾选"库项目"复选框。

（4）单击"开始"按钮，即可根据选择更新整个站点或应用特定模板的所有网页。

（5）单击"关闭"按钮，关闭"更新页面"对话框。

# 课堂练习——电子吉他网页

**练习知识要点** 使用"创建模板"按钮创建模板，使用"可编辑区域"和"重复区域"按钮制作可编辑区域和重复可编辑区域，如图8-73所示。

**素材所在位置** 学习资源\Ch08\素材\电子吉他网页\index.html。

**效果所在位置** 学习资源\Templates\Guitar.dwt。

图8-73

# 课后习题——婚礼策划网页

**习题知识要点** 使用"库"列表添加库项目，使用库中注册的项目制作网页文档，如图8-74所示。

**素材所在位置** 学习资源\Ch08\素材\婚礼策划网页\index.html。

**效果所在位置** 学习资源\Ch08\效果\婚礼策划网页\index.html。

图8-74

# 第 9 章

# 表单

## 本章介绍

表单为网站设计者提供了通过网络收集用户数据的形式，如注册会
员页、网上订货页、检索页等，这些页面都是通过表单来收集用户
信息的。因此，表单是网站管理者与浏览者之间沟通的桥梁。

## 学习目标

- ●掌握表单的使用方法
- ●掌握单行、密码、多行和电子邮件文本域的创建方法
- ●掌握单选按钮、单选按钮组和复选框的创建方法
- ●掌握下拉列表、滚动列表的创建方法
- ●掌握文件域、图像域和按钮的创建方法
- ●掌握URL文本域、Tel文本域、搜索文本域、数字文本域、范围
  表单元素和颜色表单元素的插入方法
- ●掌握日期时间的插入方法

## 技能目标

- ●掌握用户登录界面的制作方法
- ●掌握人力资源网页的制作方法
- ●掌握健康测试网页的制作方法
- ●掌握网上营业厅网页的制作方法
- ●掌握动物乐园网页的制作方法
- ●掌握鑫飞越航空网页的制作方法

# 9.1 表单的基本操作

表单是一个容器对象，用来存放表单对象并负责将表单对象的值提交给服务器端的某个程序处理，所以在添加文本域、按钮等表单对象之前，要先插入表单。

## 9.1.1 课堂案例——用户登录界面

案例学习目标 使用"插入"面板的"表格"选项卡中的按钮插入表格，使用"表单"选项卡中的按钮插入文本字段、文本域并设置相应的属性。

案例知识要点 使用"表单"按钮插入表单，使用"Table"按钮插入表格，使用表单中的"文本"按钮插入文本字段，使用表单中的"密码"按钮插入密码文本域，使用"属性"面板设置表格、文本、密码文本域的属性，如图9-1所示。

效果所在位置 学习资源\Ch09\效果\用户登录界面\index.html。

图9-1

### 1. 插入表单和表格

**01** 选择"文件 > 打开"命令，在弹出的"打开"对话框中，选择本书学习资源中的"Ch09\素材\用户登录界面\index.html"文件，单击"打开"按钮打开文件，如图9-2所示。将光标置入图9-3所示的单元格中。

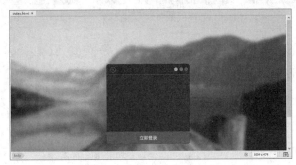

图9-2

图9-3

**02** 单击"插入"面板的"表单"选项卡中的"表单"按钮 ，插入表单，如图9-4所示。单击"插入"面板的"HTML"选项卡中的"Table"按钮 ，在弹出的"Table"对话框中进行设置，如图9-5所示。单击"确定"按钮，完成表格的插入，效果如图9-6所示。

图9-4

图9-5

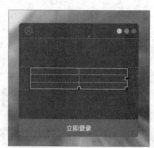
图9-6

**03** 选中图9-7所示的单元格，单击"属性"面板中的"合并所选单元格，使用跨度"按钮□，将选中的单元格合并，效果如图9-8所示。在"属性"面板的"水平"下拉列表中选择"居中对齐"选项，将"高"设置为80，效果如图9-9所示。

**04** 单击"插入"面板的"HTML"选项卡中的"Image"按钮□，在弹出的"选择图像源文件"对话框中，选择本书学习资源中的"Ch09\素材\用户登录界面\images\img01.png"文件。单击"确定"按钮完成图片的插入，效果如图9-10所示。

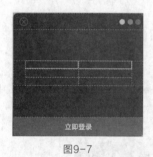
图9-7

图9-8

图9-9

图9-10

**05** 将光标置入第2行第1列单元格中，如图9-11所示。在"属性"面板中，将"宽"设置为50，"高"设置为40。用相同的方法设置第3行第1列单元格，效果如图9-12所示。

**06** 将光标置入第2行第1列单元格中，单击"插入"面板的"HTML"选项卡中的"Image"按钮□，在弹出的"选择图像源文件"对话框中，选择本书学习资源中的"Ch09\素材\用户登录界面\images\img02.png"文件，单击"确定"按钮完成图片的插入，效果如图9-13所示。用相同的方法将本书学习资源中的"Ch09\素材\用户登录界面\images\img03.png"文件插入相应的单元格中，效果如图9-14所示。

图9-11

图9-12

图9-13

图9-14

### 2. 插入文本字段与密码文本域

**01** 将光标置入图9-15所示的单元格中，单击"插入"面板的"表单"选项卡中的"文本"按钮 ⊡ ，在单元格中插入文本字段，如图9-16所示。选中英文"Text Field:"，按Delete键将其删除，效果如图9-17所示。

图9-15

图9-16

图9-17

**02** 选中文本字段，在"属性"面板中，将"Size"设置为20，如图9-18所示，效果如图9-19所示。

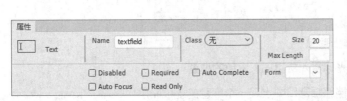
图9-18

图9-19

**03** 将光标置入图9-20所示的单元格中，单击"插入"面板的"表单"选项卡中的"密码"按钮 ⊡ ，在单元格中插入密码文本域，如图9-21所示。选中英文"Password:"，按Delete键将其删除，效果如图9-22所示。

图9-20

图9-21

图9-22

**04** 选中密码文本域，在"属性"面板中，将"Size"设置为21，如图9-23所示，效果如图9-24所示。

图9-23

图9-24

**05** 保存文档，按F12键预览网页效果，如图9-25
所示。

图9-25

## 9.1.2 创建表单

在文档中插入表单的具体操作步骤如下。

（1）在文档编辑窗口中，将光标置入希望插入表单的位置。

（2）选择"表单"命令，文档编辑窗口中出现一个红色的虚线轮廓用来指
示表单域，如图9-26所示。

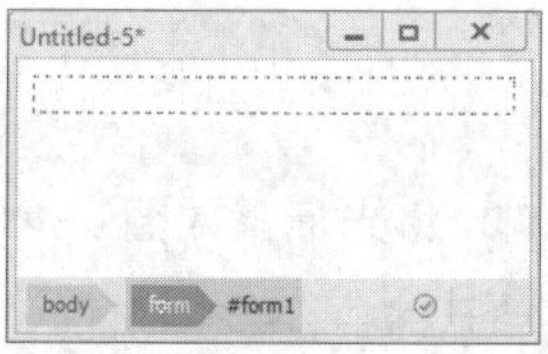

选择"表单"命令有以下两种方法。

① 单击"插入"面板的"表单"选项卡中的"表单"按钮 ▤，或直接拖曳
"表单"按钮 ▤ 到文档中。

② 选择"插入 > 表单 > 表单"命令。

图9-26

> **提示** 一个页面中包含多个表单，每一个表单都是用<form>和</form>标签来标记的。在插入表单后，如果没有
> 看到表单的轮廓线，可选择"查看 > 设计视图选项 > 可视化助理 > 不可见元素"命令来显示表单的轮廓线。

## 9.1.3 表单的属性

在文档编辑窗口中选择表单，"属性"面板中出现图9-27所示的表单属性。

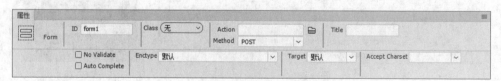

图9-27

表单"属性"面板中常用选项的作用如下。

"ID"选项：为表单输入一个名称。

"Class"选项：将CSS规则应用于表单。

"Action"选项：识别处理表单信息的服务器端应用程序。

"Method"选项：定义表单数据处理的方式，包括以下3个选项。

● "默认"选项：使用浏览器的默认设置将表单数据发送到服务器。

● "GET"选项：将在HTTP请求中嵌入表单数据并传送给服务器。

● "POST"选项：将值附加到请求该页的URL中并传送给服务器。

"Title"选项：用来设置表单域的标题名称。

"No Validate"选项：该属性为HTML 5新增的表单属性，勾选该复选框，表示当前表单不对表单中的内容进行验证。

"Auto Complete"选项：该属性为HTML 5新增的表单属性，勾选该复选框，表示启用表单的自动完成功能。

"Enctype"选项：设置发送数据的编码类型，包括"默认""application/x-www-form-urlencoded""multipart/form-data"，默认的编码类型是"application/x-www-form-urlencoded"。"application/x-www-form-urlencoded"类型通常和"POST"方法协同使用，如果表单中包含文件上传域，则应该选择"multipart/ form-data"选项。

"Target"选项：指定一个窗口，在该窗口中显示调用程序所返回的数据。

"Accept Charset"选项：用于设置服务器表单数据所接受的字符集，在其下拉列表中共有3个选项，分别是"默认""UTF-8""ISO-8859-1"。

# 9.1.4 单行文本域

通常使用表单的文本域来接收用户输入的信息，常用文本域包括单行文本域、多行文本域和密码文本域。一般情况下，当用户输入较少的信息时，使用单行文本域接收；当用户输入较多的信息时，使用多行文本域接收；当用户输入密码等保密信息时，使用密码文本域接收。

## 1. 插入单行文本域

要在表单域中插入单行文本域，先将光标置入表单轮廓内需要插入单行文本域的位置，然后插入单行文本域，如图9-28所示。

插入单行文本域有以下两种方法。

① 单击"插入"面板的"表单"选项卡中的"文本"按钮▫，可在文档编辑窗口中添加单行文本域。

图9-28

② 选择"插入 > 表单 > 文本"命令，文档编辑窗口的表单中将出现一个单行文本域。

"属性"面板中显示单行文本域的属性，如图9-29所示，用户可根据需要设置该单行文本域的各项属性。

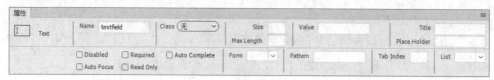

图9-29

"Name"选项：用来设置文本域的名称。

"Class"选项：将CSS规则应用于文本域。

"Size"选项：用来设置文本域中显示的字符数的最大值。

"Max Length"选项：用来设置文本域中输入的字符数的最大值。

"Value"选项：用来输入提示性文本。

"Title"选项：用来设置文本域的提示标题文字。

"Place Holder"选项：该属性为HTML 5新增的表单属性，是用户设置文本域预期值的提示信息，该提示信息会在文本域为空时显示，并在文本域获得焦点时消失。

"Disabled"选项：勾选该复选框，表示禁用该文本字段，被禁用的文本域即不可用，也不可以单击。

"Auto Focus"选项：该属性为HTML 5新增的表单属性，勾选该复选框，当网页被加载时，该文本域会自动获得焦点。

"Required"选项：该属性为HTML 5新增的表单属性，勾选该复选框，则在提交表单之前必须填写所选文本域。

"Read Only"选项：勾选该复选框，表示所选文本域为只读属性，不能对该文本域的内容进行修改。

"Auto Complete"选项：该属性为HTML 5新增的表单属性，勾选该复选框，表示所选文本域启用自动完成功能。

"Form"选项：该属性用于设置与表单元素相关的表单标签的ID，可以在其下拉列表中选择网页中已经存在的表单标签。

"Pattern"选项：该属性为HTML 5新增的表单属性，用于设置文本域的模式或格式。

"Tab Index"选项：该属性用于设置表单元素的Tab键控制次序。

"List"选项：该属性为HTML 5新增的表单属性，用于设置引用数据列表，其中包含文本域的预定义选项。

### 2. 插入密码文本域

密码文本域是特殊类型的文本域。当用户在密码文本域中输入文本时，所输入的文本被替换为星号或项目符号，以隐藏该文本，保护这些信息不被看到。若要在表单域中插入密码文本域，先将光标置入表单轮廓内需要插入密码文本域的位置，然后插入密码文本域，如图9-30所示。

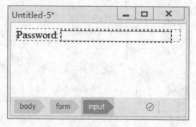

图9-30

插入密码文本域有以下两种方法。

① 单击"插入"面板的"表单"选项卡中的"密码"按钮 🔲，可在文档编辑窗口中添加密码文本域。

② 选择"插入 > 表单 > 密码"命令，文档编辑窗口的表单中将出现一个密码文本域。

"属性"面板中会显示密码文本域的属性，如图9-31所示，用户可根据需要设置该密码文本域的各项属性。

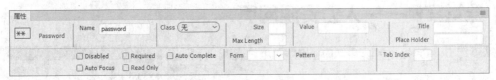

图9-31

密码文本域的属性设置与单行文本域相同。"Max Length"选项的最大值为10，将密码限制为10个字符。

### 3. 插入多行文本域

多行文本域为访问者提供一个较大的区域，供其输入响应，它可以指定访问者最多输入的行数和对象的字符宽度。如果输入的文本超过这些设置，则该文本域将按照换行属性中指定的设置进行滚动。

若要在表单域中插入多行文本域，先将光标置入表单轮廓内需要插入多行文本域的位置，然后插入多行文本域，如图9-32所示。

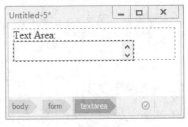

图9-32

插入多行文本域有以下两种方法。

① 单击"插入"面板的"表单"选项卡中的"文本区域"按钮 🔲，可在文档编辑窗口中添加多行文本域。

② 选择"插入 > 表单 > 文本区域"命令，文档编辑窗口的表单中将出现一个多行文本域。

"属性"面板中会显示多行文本域的属性，如图9-33所示，用户可根据需要设置该多行文本域的各项属性。

图9-33

"Rows"选项：用于设置文本域的可见高度，以行计数。

"Cols"选项：用于设置文本域的字符宽度。

"Wrap"选项：通常情况下，当用户在文本域中输入文本后，浏览器会将它们按照输入时的状态发送给服务器，注意，只有在用户按Enter键的时候才会在相应位置生成换行；如果希望启用换行功能，可以将"Wrap"设置为"virtual"或"physical"，这样当用户输入的一行文本超过文本域的宽度时，浏览器会自动将多余的文字移动到下一行显示。

"Value"选项：用于设置文本域的初始值，可以在文本框中输入相应的内容。

# 9.2 应用单选按钮和复选框

若要从一组选项中选择一个选项，设计时可使用单选按钮；若要从一组选项中选择多个选项，设计时可使用复选框。

## 9.2.1 课堂案例——人力资源网页

图9-34

案例学习目标 使用"表单"按钮为页面添加单选按钮和复选框。

案例知识要点 使用"单选按钮"按钮插入单选按钮，使用"复选框"按钮插入复选框，如图9-34所示。

效果所在位置 学习资源\Ch09\效果\人力资源网页\index.html。

### 1. 插入单选按钮

**01** 选择"文件 > 打开"命令，在弹出的"打开"对话框中，选择本书学习资源中的"Ch09\素材\人力资源网页\index.html"文件，单击"打开"按钮打开文件，如图9-35所示。将光标置入"注册类型"右侧的单元格中，如图9-36所示。

图9-35

图9-36

**02** 单击"插入"面板的"表单"选项卡中的"单选按钮"按钮 ◉，在光标所在位置插入一个单选按钮，效果如图9-37所示。保持单选按钮的选择状态，按Ctrl+C组合键，将其复制到剪贴板中；在"属性"面板中，勾选"Checked"复选框，效果如图9-38所示。选中英文"Radio Button"并将其更改为"个人注册"，效果如图9-39所示。

图9-37　　　　　　　　图9-38　　　　　　　　图9-39

**03** 将光标放置到文字"个人注册"的右侧，如图9-40所示。按Ctrl+V组合键，将剪贴板中的单选按钮粘贴到光标所在位置，效果如图9-41所示。输入文字"企业注册"，效果如图9-42所示。

图9-40　　　　　　　　图9-41　　　　　　　　图9-42

## 2. 插入复选框

**01** 将光标置入"学历"右侧的单元格中，如图9-43所示。单击"插入"面板的"表单"选项卡中的"复选框"按钮☑，在单元格中插入一个复选框，效果如图9-44所示。选中英文"Checkbox"并将其更改为"研究生"，如图9-45所示。用相同的方法插入多个复选框，并分别输入"本科""大专"，效果如图9-46所示。

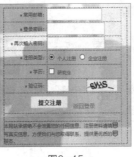

图9-43　　　　　　图9-44　　　　　　图9-45　　　　　　图9-46

**02** 保存文档，按F12键预览网页效果，如图9-47所示。

图9-47

## 9.2.2 单选按钮

为了使单选按钮的布局更加合理，通常采用逐个插入单选按钮的方式。若要在表单域中插入单选按钮，先将光标置入表单轮廓内需要插入单选按钮的位置，然后插入单选按钮，如图9-48所示。

图9-48

插入单选按钮有以下两种方法。

① 单击"插入"面板的"表单"选项卡中的"单选按钮"按钮 ⊙，文档编辑窗口的表单中将出现一个单选按钮。

② 选择"插入 > 表单 > 单选按钮"命令，文档编辑窗口的表单中将出现一个单选按钮。

"属性"面板中会显示单选按钮的属性，如图9-49所示，可以根据需要设置该单选按钮的各项属性。

图9-49

"Checked"选项：设置该单选按钮的初始状态，即浏览器载入表单时，该单选按钮是否处于被选中的状态。

## 9.2.3 单选按钮组

先将光标置入表单轮廓内需要插入单选按钮组的位置，然后打开"单选按钮组"对话框，如图9-50所示。

打开"单选按钮组"对话框有以下两种方法。

① 单击"插入"面板的"表单"选项卡中的"单选按钮组"按钮 ▦。

② 选择"插入 > 表单 > 单选按钮组"命令。

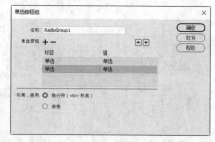

图9-50

"单选按钮组"对话框中各选项的作用如下。

"名称"选项：用于输入该单选按钮组的名称，表单中有多个单选按钮时，各个单选按钮组的名称都不能相同。

"添加"按钮➕和"删除"按钮➖：用于向单选按钮组内添加或删除单选按钮。

"向上"按钮▲和"向下"按钮▼：用于重新排序单选按钮。

"标签"选项：设置单选按钮右侧的提示信息。

"值"选项：设置单选按钮代表的值，一般为字符型数据，即当用户选择该单选按钮时，表单指定的处理程序获得的值。

"换行符"或"表格"选项：使用"换行符"或"表格"来设置这些按钮的布局方式。

根据需要设置该按钮组的每个选项，单击"确定"按钮，文档编辑窗口的表单中将出现单选按钮组，如图9-51所示。

图9-51

### 9.2.4 复选框

为了使复选框的布局更加合理，通常采用逐个插入复选框的方式。若要在表单域中插入复选框，先将光标置入表单轮廓内需要插入复选框的位置，然后插入复选框，如图9-52所示。

图9-52

插入复选框有以下几种方法。

① 单击"插入"面板的"表单"选项卡中的"复选框"按钮 ☑，文档编辑窗口的表单中将出现一个复选框。

② 选择"插入 > 表单 > 复选框"命令，文档编辑窗口的表单中将出现一个复选框。

"属性"面板中会显示复选框的属性，如图9-53所示，可以根据需要设置该复选框的各项属性。

图9-53

复选框组的操作与单选按钮组类似，故不再赘述。

## 9.3 下拉列表、滚动列表、文件域和按钮

表单中有两种类型的列表，一种是下拉列表，另一种是滚动列表，它们都包含一个或多个选项。当用户需要在预先设定的选项中选择一个或多个选项时，可使用"列表与菜单"功能创建下拉列表或滚动列表。

### 9.3.1 课堂案例——健康测试网页

案例学习目标 使用"表单"选项卡中的按钮插入列表。

案例知识要点 用"选择"按钮插入下拉，使用"属性"面板设置下拉列表的属性，如图9-54所示。

效果所在位置 学习资源\Ch09\效果\健康测试网页\index.html。

**01** 选择"文件 > 打开"命令，在弹出的"打开"对话框中选择本书学习资源中的"Ch09\素材\健康测试网页\index.html"文件，单击"打开"按钮打开文件，如图9-55所示。

图9-54

图9-55

**02** 将光标置入图9-56所示的位置，单击"插入"面板的"表单"选项卡中的"选择"按钮，在光标所在的位置插入下拉列表，如图9-57所示。

图9-56

图9-57

**03** 选中英文"Select:"，如图9-58所示，按Delete键将其删除，效果如图9-59所示。

图9-58

图9-59

**04** 选中下拉列表，在"属性"面板中单击"列表值"按钮，在弹出的"列表值"对话框中添加图9-60所示的内容，添加完成后单击"确定"按钮，效果如图9-61所示。

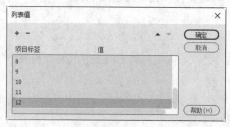

图9-60

图9-61

**05** 在"属性"面板的"Selected"列表中选择"--"选项，如图9-62所示。用相同的方法在适当的位置插入下拉列表，并设置适当的值，效果如图9-63所示。

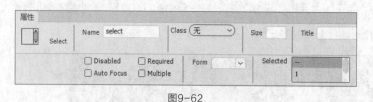

图9-62

图9-63

**06** 保存文档，按F12键预览网页效果，如图9-64所示。单击"月"下拉列表，可以选择任意选项，如图9-65所示。

图9-64

图9-65

## 9.3.2 创建下拉列表和滚动列表

### 1. 插入下拉列表

要在表单中插入下拉列表，则先将光标置入表单轮廓内需要插入下拉列表的位置，然后插入下拉列表，如图9-66所示。

图9-66

插入下拉列表有以下两种方法。

① 单击"插入"面板的"表单"选项卡中的"选择"按钮，文档编辑窗口的表单中将添加下拉列表。

② 选择"插入 > 表单 > 选择"命令，文档编辑窗口的表单中将添加下拉列表。

"属性"面板中会显示下拉列表的属性，如图9-67所示，可以根据需要设置该下拉列表。

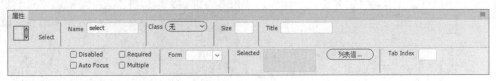

图9-67

下拉列表"属性"面板中部分选项的作用如下。

"Size"选项：用来设置下拉列表在页面中显示的高度。

"Selected"选项：设置下拉列表中默认选择的选项。

"列表值"按钮：单击此按钮，弹出图9-68所示的"列表值"对话框，在该对话框中单击+按钮或-按钮，可向下拉列表中添加或删除选项。选项在下拉列表中出现的顺序与在"列表值"对话框中出现的顺序一致，在浏览器载入页面时，下拉列表中的第一个选项是默认选项。

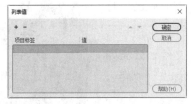

图9-68

### 2. 插入滚动列表

要在表单中插入滚动列表，则先将光标置入表单轮廓内需要插入滚动列表的位置，然后插入滚动列表，如图9-69所示。

图9-69

插入滚动列表有以下两种方法。

① 单击"插入"面板的"表单"选项卡的"选择"按钮 📄，文档编辑窗口的表单中将出现滚动列表。

② 选择"插入 > 表单 > 选择"命令，文档编辑窗口的表单中将出现滚动列表。

"属性"面板中会显示滚动列表的属性，如图9-70所示，可以根据需要设置该滚动列表。但是需要注意的是，在设置滚动列表的属性时，"Size"选项的数值必须大于1，否则列表无法进行滚动。

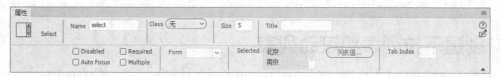

图9-70

## 9.3.3 课堂案例——网上营业厅网页

案例学习目标 使用"表单"选项卡为网页插入图像按钮。

案例知识要点 使用"图像按钮"按钮插入图像按钮，如图9-71所示。

效果所在位置 学习资源\Ch09\效果\网上营业厅网页\index.html。

图9-71

**01** 选择"文件 > 打开"命令，在弹出的"打开"对话框中选择本书学习资源中的"Ch09\素材\网上营业厅网页\index.html"文件，单击"打开"按钮打开文件，效果如图9-72所示。将光标置入图9-73所示的单元格。

图9-72

图9-73

**02** 单击"插入"面板的"表单"选项卡中的"图像按钮"按钮 ，在弹出的"选择图像源文件"对话框中选择本书学习资源中的"Ch09\素材\网上营业厅网页\images\img_1.png"文件，如图9-74所示，单击"确定"按钮完成图像按钮的插入，效果如图9-75所示。

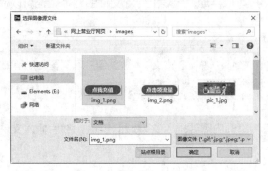

图9-74                                      图9-75

**03** 将光标置入图9-76所示的单元格，单击"插入"面板的"表单"选项卡中的"图像按钮"按钮 ，在弹出的"选择图像源文件"对话框中选择本书学习资源中的"Ch09\素材\网上营业厅网页\images\img_2.png"文件，单击"确定"按钮完成图像按钮的插入，效果如图9-77所示。

图9-76                                      图9-77

**04** 保存文档，按F12键预览网页效果，如图9-78所示。

图9-78

## 9.3.4 创建文件域

在网页中要实现上传文件的功能，需要在表单中插入文件域。文件域的外观与其他文本域类似，只是文件域还包含一个"浏览"按钮，如图9-79所示。用户可以手动输入要上传的文件的路径，也可以使用"浏览"按钮定位并选择要上传的文件。

**提示** 文件域要求使用post方法将文件从浏览器上传送到服务器上，该文件被发送至的服务器的地址由表单的"Action"选项指定。

若要在表单中插入文件域，则先将光标置入表单轮廓内需要插入文件域的位置，然后插入文件域，如图9-80所示。

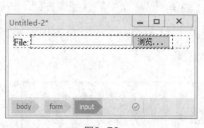

图9-79

图9-80

插入文件域有以下两种方法。

① 将光标置入表单中，单击"插入"面板的"表单"选项卡中的"文件"按钮 ，文档编辑窗口的表单中将出现一个文件域。

② 选择"插入 > 表单 > 文件"命令，文档编辑窗口的表单中将出现一个文件域。

"属性"面板中会显示文件域的属性，如图9-81所示，可以根据需要设置该文件域的各项属性。

图9-81

文件域"属性"面板部分选项的作用如下。

"Multiple"选项：该属性为HTML 5新增的表单元素属性，勾选该复选框，表示该文件域可以直接接受多个值。

"Required"选项：该属性为HTML 5新增的表单元素属性，勾选该复选框，表示在提交表单之前必须设置相应的值。

## 9.3.5 创建图像按钮

普通的按钮不够美观，为了设计需要，常使用图像代替按钮。通常使用图像按钮来提交数据。

插入图像按钮的具体操作步骤如下。

（1）将光标置入表单轮廓内需要插入图像按钮的位置。

（2）打开"选择图像源文件"对话框，选择作为按钮的图像文件，如图9-82所示。

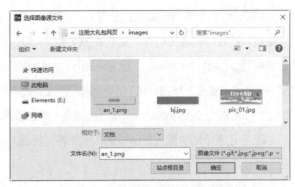

图9-82

打开"选择图像源文件"对话框有以下两种方法。

① 单击"插入"面板的"表单"选项卡中的"图像按钮"按钮 。

② 选择"插入 > 表单 > 图像按钮"命令。

（3）"属性"面板中出现图9-83所示的图像按钮的属性，可以根据需要设置该图像按钮的各项属性。

图9-83

图像按钮"属性"面板中部分选项的作用如下。

"Src"选项：显示该图像按钮所使用的图像地址。

"宽"和"高"选项：设置图像按钮的宽和高。

"Form Action"选项：设置按钮使用的图像。

"Form Method"选项：设置如何发送表单数据。

"编辑图像"按钮：单击该按钮，将启动外部图像编辑软件，对该图像按钮所使用的图像进行编辑。

（4）若要将某个JavaScript行为附加到该按钮上，则选择该图像，然后在"行为"面板中选择相应的行为。

（5）完成设置后保存并预览网页效果，如图9-84所示。

图9-84

## 9.3.6 插入普通按钮

按钮的作用是控制表单的操作。一般情况下，表单中设有"提交"按钮、"重置"按钮和普通按钮等，浏览者在网上申请QQ、邮箱或注册会员时常会见到这些按钮。Dreamweaver 2020将按钮分为4种类型：图像按钮、普通按钮、"提交"按钮和"重置"按钮。其中，普通按钮需要用户指定单击该普通按钮时要执行的操作，如添加一个JavaScript脚本，在浏览者单击该普通按钮时打开另一个页面。

图9-85

若要在表单域中插入普通按钮，则先将光标置入表单轮廓内需要插入普通按钮的位置，然后插入普通按钮，如图9-85所示。

插入普通按钮有以下两种方法。

① 单击"插入"面板的"表单"选项卡中的"按钮"按钮 ，文档编辑窗口的表单中将出现一个普通按钮。

② 选择"插入 > 表单 > 按钮"命令，文档编辑窗口的表单中将出现一个普通按钮。

"属性"面板中会显示普通按钮的属性，如图9-86所示，可以根据需要设置该普通按钮的各项属性。

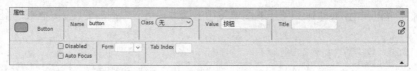

图9-86

普通按钮相关属性的设置与前面介绍的表单元素属性的设置基本相同，这里不再赘述。

## 9.3.7 插入提交按钮

"提交"按钮的作用是在用户单击该按钮时将表单数据内容提交到表单的"Action"属性指定的处理程序中进行处理。

若要在表单中插入"提交"按钮，则先将光标置入表单轮廓内需要插入"提交"按钮的位置，然后插入"提交"按钮，如图9-87所示。

图9-87

插入"提交"按钮有以下两种方法。

① 单击"插入"面板的"表单"选项卡中的"'提交'按钮"按钮 ，文档编辑窗口的表单中将出现一个"提交"按钮。

② 选择"插入 > 表单 > '提交'按钮"命令，文档编辑窗口的表单中将出现一个"提交"按钮。

"属性"面板中会显示"提交"按钮的属性，如图9-88所示，可以根据需要设置该"提交"按钮的各项属性。

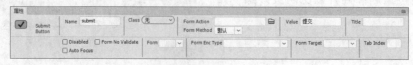

图9-88

"提交"按钮相关属性的设置与前面介绍的表单元素属性的设置基本相同，这里不再赘述。

### 9.3.8 插入重置按钮

"重置"按钮的作用是在用户单击该按钮时清除表单中所做的设置，恢复为默认的设置内容。

若要在表单中插入"重置"按钮，则先将光标置入表单轮廓内需要插入"重置"按钮的位置，然后插入"重置"按钮，如图9-89所示。

图9-89

插入"重置"按钮有以下两种方法。

① 单击"插入"面板的"表单"选项卡中的"'重置'按钮"按钮 ⟲ ，文档编辑窗口的表单中将出现一个"重置"按钮。

② 选择"插入 > 表单 > '重置'按钮"命令，文档编辑窗口的表单中将出现一个"重置"按钮。

"属性"面板中会显示"重置"按钮的属性，如图9-90所示，可以根据需要设置该"重置"按钮的各项属性。

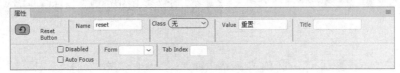

图9-90

"重置"按钮相关属性的设置与前面介绍的表单元素属性的设置基本相同，这里不再赘述。

## 9.4 HTML 5表单元素

目前HTML 5的应用已经越来越多，Dreamweaver 2020为了适应HTML 5的发展增加了许多全新的HTML 5表单元素。HTML 5不仅增加了一系列功能性的表单、表单元素和表单特性，还增加了自动验证表单的功能。

### 9.4.1 课堂案例——动物乐园网页

案例学习目标 使用"表单"选项卡中的按钮插入单行文本域、Tel文本域、日期表单元素、多行文本域、"提交"按钮和"重置"按钮。

案例知识要点 使用"文本"按钮插入单行文本域，使用"Tel"按钮插入Tel文本域，使用"日期"按钮插入日期表单元素，使用"文本区域"按钮插入多行文本域，使用"属性"面板设置各表单文本域的属性，如图9-91所示。

效果所在位置 学习资源\Ch09\效果\动物乐园网页\index.html。

图9-91

**01** 选择"文件 > 打开"命令，在弹出的"打开"对话框中，选择本书学习资源中的"Ch09\素材\动物乐园网页\index.html"文件，单击"打开"按钮打开文件，效果如图9-92所示。

**02** 将光标置入文本"联系人："右侧的单元格中，如图9-93所示。单击"插入"面板的"表单"选项卡中的"文本"按钮，在单元格中插入单行文本域，选中文本"Text Field:"，按Delete键将其删除。选中单行文本域，在"属性"面板中将"Size"设置为20，效果如图9-94所示。

图9-92

图9-93

图9-94

**03** 用相同的方法在文本"票数："右侧的单元格中插入一个单行文本域，并在"属性"面板中设置相应的属性，效果如图9-95所示。将光标置入文本"联系电话："右侧的单元格中，单击"插入"面板的"表单"选项卡中的"Tel"按钮，在单元格中插入Tel文本域，选中文本"Tel:"，按Delete键将其删除，效果如图9-96所示。

**04** 选中Tel文本域，在"属性"面板中将"Size"设置为20，"Max Length"设置为11，效果如图9-97所示。

图9-95

图9-96

图9-97

**05** 将光标置入文本"参观日期："右侧的单元格中，单击"插入"面板的"表单"选项卡中的"日期"按钮，在光标所在的位置插入日期表单元素。选中文本"Date:"，按Delete键将其删除，效果如图9-98所示。

**06** 将光标置入文本"备注："右侧的单元格中，单击"插入"面板的"表单"选项卡中的"文本区域"按钮，在光标所在的位置插入多行文本域。选中文本"Text Area:"，按Delete键将其删除，效果如图9-99所示。

**07** 选中多行文本域，在"属性"面板中将"Rows"设置为6，"Cols"设置为60，效果如图9-100所示。将光标置入图9-101所示的单元格。

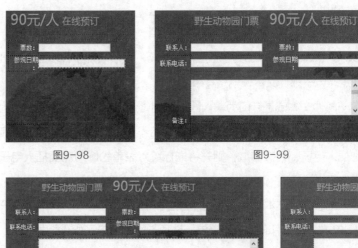

图9-98　　　　　　　　图9-99

图9-100　　　　　　　　图9-101

**08** 单击"插入"面板的"表单"选项卡中的"'提交'按钮"按钮 ☑，在光标所在的位置插入一个"提交"按钮，效果如图9-102所示。将光标置入"提交"按钮的后面，单击"插入"面板的"表单"选项卡中的"'重置'按钮"按钮 ↻，在光标所在的位置插入一个"重置"按钮，效果如图9-103所示。

图9-102　　　　　　　　图9-103

**09** 保存文档，按F12键预览网页效果，如图9-104所示。

图9-104

## 9.4.2 插入电子邮件文本域

Dreamweaver 2020为了适应HTML 5的发展增加了许多全新的HTML 5表单元素,电子邮件文本域就是其中的一种。

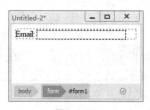

图9-105

电子邮件文本域是专门为输入E-mail地址而定义的文本框,主要为了验证输入的文本是否符合E-mail地址的格式,若不符合会提示验证错误。若要在表单域中插入电子邮件文本域,则先将光标置入表单轮廓内需要插入电子邮件文本域的位置,然后插入电子邮件文本域,如图9-105所示。

插入电子邮件文本域有以下两种方法。

① 单击"插入"面板的"表单"选项卡中的"电子邮件"按钮 ☒,可在文档编辑窗口中添加电子邮件文本域。

② 选择"插入 > 表单 > 电子邮件"命令,文档编辑窗口的表单中出现一个电子邮件文本域。

"属性"面板中会显示电子邮件文本域的属性,如图9-106所示,用户可根据需要设置该电子邮件文本域的各项属性。

图9-106

## 9.4.3 插入URL文本域

URL文本域是专门为输入URL而定义的文本框,在验证输入的文本格式时,如果该文本框中的内容不符合URL的格式,则会提示验证错误。若要在表单中插入URL文本域,则先将光标置入表单轮廓内需要插入URL文本域的位置,然后插入URL文本域,如图9-107所示。

图9-107

插入URL文本域有以下两种方法。

① 单击"插入"面板的"表单"选项卡中的"Url"按钮 ⑧,文档编辑窗口的表单中将出现一个URL文本域。

② 选择"插入 > 表单 > Url"命令,在文档编辑窗口的表单中将出现一个URL文本域。

"属性"面板中会显示URL文本域的属性,如图9-108所示,可以根据需要设置该URL文本域的各项属性。

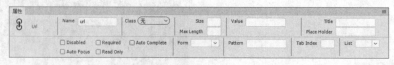

图9-108

URL文本域相关属性的设置与前面介绍的表单元素属性的设置基本相同,这里不再赘述。

## 9.4.4 插入Tel文本域

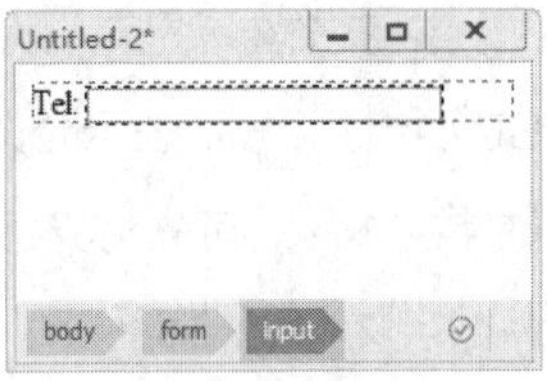

Tel文本域是专门为输入电话号码而定义的文本框，没有特殊的验证规则。要在表单中插入Tel文本域，可先将光标置入表单轮廓内需要插入Tel文本域的位置，然后插入Tel文本域，如图9-109所示。

插入Tel文本域有以下两种方法。

① 单击"插入"面板的"表单"选项卡中的"Tel"按钮 ，文档编辑窗口的表单中将出现一个Tel文本域。

② 选择"插入 > 表单 > Tel"命令，文档编辑窗口的表单中将出现一个Tel文本域。

"属性"面板中会显示Tel文本域的属性，如图9-110所示，可以根据需要设置该Tel文本域的各项属性。

图9-109

图9-110

Tel文本域相关属性的设置与前面介绍的表单元素属性的设置基本相同，这里不再赘述。

## 9.4.5 插入搜索文本域

搜索文本域是专门为输入搜索关键词而定义的文本框，没有特殊的验证规则。要在表单中插入搜索文本域，可先将光标置入表单轮廓内需要插入搜索文本域的位置，然后插入搜索文本域，如图9-111所示。

插入搜索文本域有以下两种方法。

① 单击"插入"面板的"表单"选项卡中的"搜索"按钮 ，文档编辑窗口的表单中将出现一个搜索文本域。

② 选择"插入 > 表单 > 搜索"命令，文档编辑窗口的表单中将出现一个搜索文本域。

"属性"面板中会显示搜索文本域的属性，如图9-112所示，可以根据需要设置该搜索文本域的各项属性。

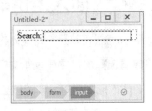

图9-111

图9-112

搜索文本域相关属性的设置与前面介绍的表单元素属性的设置基本相同，这里不再赘述。

## 9.4.6 插入数字文本域

数字文本域是专门为输入特定的数字而定义的文本框，具有Min、Max和Step特性，分别表示允许范围的最小值、最大值和调整步长。要在表单中插入数字文本域，可先将光标置入表单轮廓内需要插入数字文本域的位置，然后插入数字文本域，如图9-113所示。

图9-113

插入数字文本域有以下两种方法。

① 单击"插入"面板的"表单"选项卡中的"数字"按钮，文档编辑窗口的表单中将出现一个数字文本域。

② 选择"插入 > 表单 > 数字"命令，文档编辑窗口的表单中将出现一个数字文本域。

"属性"面板中会显示数字文本域的属性，如图9-114所示，可以根据需要设置该数字文本域的各项属性。

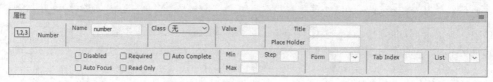

图9-114

数字文本域相关属性的设置与前面介绍的表单元素属性的设置基本相同，这里不再赘述。

## 9.4.7 插入范围表单元素

范围表单元素将输入框显示为滑动条，其作用是作为某一特定范围内的数值选择器。要在表单中插入范围表单元素，可先将光标置入表单轮廓内需要插入范围表单元素的位置，然后插入范围表单元素，如图9-115所示。

图9-115

插入范围表单元素有以下两种方法。

① 单击"插入"面板的"表单"选项卡中的"范围"按钮，文档编辑窗口的表单中将出现一个范围表单元素。

② 选择"插入 > 表单 > 范围"命令，文档编辑窗口的表单中将出现一个范围表单元素。

"属性"面板中会显示范围表单元素的属性，如图9-116所示，可以根据需要设置该范围表单元素的各项属性。

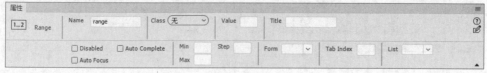

图9-116

范围表单元素相关属性的设置与前面介绍的表单元素属性的设置基本相同，这里不再赘述。

## 9.4.8 插入颜色表单元素

颜色表单元素应用于网页时会默认提供一个颜色选择器,目前在大部分浏览器中还不能实现相关效果,但在Chrome、火狐等浏览器中可以看到颜色表单元素的效果,如图9-117所示。

要在表单域中插入颜色表单元素,可先将光标置入表单轮廓内需要插入颜色表单元素的位置,然后插入颜色表单元素,如图9-118所示。

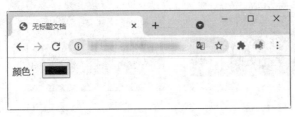

图9-117

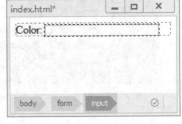

图9-118

插入颜色表单元素有以下两种方法。

① 单击"插入"面板的"表单"选项卡中的"颜色"按钮 ▥ ,文档编辑窗口的表单中将出现一个颜色表单元素。

② 选择"插入 > 表单 > 颜色"命令,文档编辑窗口的表单中将出现一个颜色表单元素。

"属性"面板中会显示颜色表单元素的属性,如图9-119所示,可以根据需要设置该颜色表单元素的各项属性。

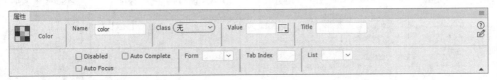

图9-119

颜色表单元素相关属性的设置与前面介绍的表单元素属性的设置基本相同,这里不再赘述。

## 9.4.9 课堂案例——鑫飞越航空网页

案例学习目标 使用"表单"选项卡中的按钮插入日期表单元素。

案例知识要点 使用"日期"按钮插入日期表单元素,如图9-120所示。

效果所在位置 学习资源\Ch09\效果\鑫飞越航空网页\index.html。

图9-120

**01** 选择"文件 > 打开"命令,在弹出的"打开"对话框中,选择本书学习资源中的"Ch09\素材\鑫飞越航空网页\index.html"文件,单击"打开"按钮打开文件,如图9-121所示。将光标置入文本"出发城市:"右侧的单元格中,如图9-122所示。

图9-121           图9-122

**02** 单击"插入"面板的"表单"选项卡中的"文本"按钮 ▣,在光标所在的位置插入单行文本域。选中单行文本域,在"属性"面板中将"Size"设置为15,效果如图9-123所示。选中文本"Text Field:",如图9-124所示,按Delete键将其删除,效果如图9-125所示。

**03** 用相同的方法在文本"到达城市:"右侧的单元格中插入单行文本域,并设置相应的属性,效果如图9-126所示。

图9-123     图9-124     图9-125     图9-126

**04** 将光标置入文本"出发日期:"右侧的单元格中,如图9-127所示。单击"插入"面板的"表单"选项卡中的"日期"按钮 ▥,在光标所在的位置插入日期表单元素。选中文本"Date:",按Delete键将其删除,效果如图9-128所示。

**05** 用相同的方法在文本"回程日期:"右侧的单元格中插入日期表单元素,效果如图9-129所示。

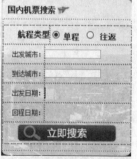

图9-127       图9-128       图9-129

**06** 保存文档，按F12键预览网页效果。可以在日期
列表中选择需要的日期，如图9-130所示。

图9-130

## 9.4.10　插入月表单元素

月表单元素的作用是为用户提供一个月选择器，目前在大部分浏览器中还不能实现相关效果，但在
Chrome、360、Opera等浏览器中可以看到月表单元素的效果，如图9-131所示。

要在表单中插入月表单元素，可先将光标置入表单轮廓内需要插入月表单元素的位置，然后插入月表单
元素，如图9-132所示。

图9-131

图9-132

插入月表单元素有以下两种方法。

① 单击"插入"面板的"表单"选项卡中的"月"按钮 📅，文档编辑窗口的表单中将出现一个月表单
元素。

② 选择"插入 > 表单 > 月"命令，文档编辑窗口的表单中将出现一个月表单元素。

"属性"面板中会显示月表单元素的属性，如图9-133所示，可以根据需要设置该月表单元素的各项
属性。

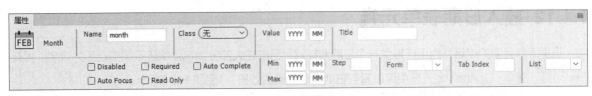

图9-133

月表单元素相关属性的设置与前面介绍的表单元素属性的设置基本相同，这里不再赘述。

## 9.4.11 插入周表单元素

周表单元素的作用是为用户提供一个周选择器，目前在大部分浏览器中还不能实现相关效果，但在Chrome、360、Opera等浏览器中可以看到周表单元素的效果，如图9-134所示。

要在表单中插入周表单元素，可先将光标置入表单轮廓内需要插入周表单元素的位置，然后插入周表单元素，如图9-135所示。

图9-134

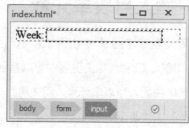

图9-135

插入周表单元素有以下两种方法。

① 单击"插入"面板的"表单"选项卡中的"周"按钮 ，文档编辑窗口的表单中将出现一个周表单元素。

② 选择"插入 > 表单 > 周"命令，文档编辑窗口的表单中将出现一个周表单元素。

"属性"面板中会显示周表单元素的属性，如图9-136所示，可以根据需要设置该周表单元素的各项属性。

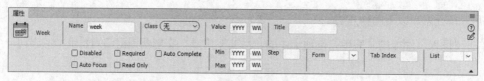

图9-136

周表单元素相关属性的设置与前面介绍的表单元素属性的设置基本相同，这里不再赘述。

## 9.4.12 插入日期表单元素

日期表单元素的作用是为用户提供一个日期选择器，目前在大部分浏览器中还不能实现相关效果，但在Chrome、360、Opera等浏览器中可以看到日期表单元素的效果，如图9-137所示。

要在表单中插入日期表单元素，可先将光标置入表单轮廓内需要插入日期表单元素的位置，然后插入日期表单元素，如图9-138所示。

图9-137

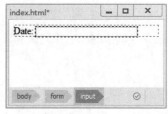
图9-138

插入日期表单元素有以下两种方法。

① 单击"插入"面板的"表单"选项卡中的"日期"按钮 ⊞，文档编辑窗口的表单中将出现一个日期表单元素。

② 选择"插入 > 表单 > 日期"命令，文档编辑窗口的表单中将出现一个日期表单元素。

"属性"面板中会显示日期表单元素的属性，如图9-139所示，可以根据需要设置该日期表单元素的各项属性。

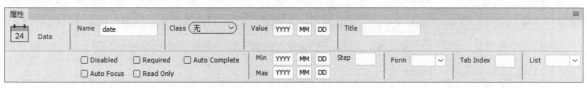
图9-139

日期表单元素相关属性的设置与前面介绍的表单元素属性的设置基本相同，这里不再赘述。

## 9.4.13　插入时间表单元素

时间表单元素的作用是为用户提供一个时间选择器，目前在大部分浏览器中还不能实现相关效果，但在 Chrome、360、Opera等浏览器中可以看到时间表单元素的效果，如图9-140所示。

要在表单中插入时间表单元素，可先将光标置入表单轮廓内需要插入时间表单元素的位置，然后插入时间表单元素，如图9-141所示。

图9-140

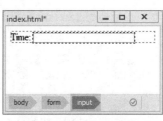
图9-141

插入时间表单元素有以下两种方法。

① 单击"插入"面板的"表单"选项卡中的"时间"按钮 ⊙，文档编辑窗口的表单中将出现一个时间表单元素。

② 选择"插入 > 表单 > 时间"命令，文档编辑窗口的表单中将出现一个时间表单元素。

"属性"面板中会显示时间表单元素的属性，如图9-142所示，可以根据需要设置该时间表单元素的各项属性。

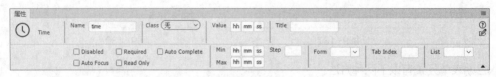

图9-142

时间表单元素相关属性的设置与前面介绍的表单元素属性的设置基本相同，这里不再赘述。

# 9.4.14 插入日期时间表单元素

日期时间表单元素的作用是为用户提供一个完整的日期和时间选择器，目前在大部分浏览器中还不能实现相关效果，但在Chrome、360、Opera等浏览器中可以看到日期时间表单元素的效果，如图9-143所示。

要在表单中插入日期时间表单元素，可先将光标置入表单轮廓内需要插入日期时间表单元素的位置，然后插入日期时间表单元素，如图9-144所示。

图9-143

图9-144

插入日期时间表单元素有以下两种方法。

① 单击"插入"面板的"表单"选项卡中的"日期时间"按钮 🗓，文档编辑窗口的表单中将出现一个日期时间表单元素。

② 选择"插入 > 表单 > 日期时间"命令，文档编辑窗口的表单中将出现一个日期时间表单元素。

"属性"面板中会显示日期时间表单元素的属性，如图9-145所示，可以根据需要设置该日期时间表单元素的各项属性。

图9-145

日期时间表单元素相关属性的设置与前面介绍的表单元素属性的设置基本相同，这里不再赘述。

## 9.4.15 插入日期时间（当地）表单元素

日期时间（当地）表单元素的作用是为用户提供一个完整的日期和时间（不包含时区）选择器，目前在大部分浏览器中还不能实现相关效果，但在Chrome、360、Opera等浏览器中可以看到日期时间（当地）表单元素的效果，如图9-146所示。

要在表单中插入日期时间（当地）表单元素，可先将光标置入表单轮廓内需要插入日期时间（当地）表单元素的位置，然后插入日期时间（当地）表单元素，如图9-147所示。

图9-146

图9-147

插入日期时间（当地）表单元素有以下两种方法。

① 单击"插入"面板的"表单"选项卡中的"日期时间（当地）"按钮，文档编辑窗口的表单中将出现一个日期时间（当地）表单元素。

② 选择"插入 > 表单 > 日期时间（当地）"命令，文档编辑窗口的表单中将出现一个日期时间（当地）表单元素。

"属性"面板中会显示日期时间（当地）表单元素的属性，如图9-148所示，可以根据需要设置该日期时间（当地）表单元素的各项属性。

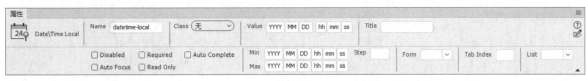

图9-148

日期时间（当地）表单元素相关属性的设置与前面介绍的表单元素属性的设置基本相同，这里不再赘述。

## 课堂练习——创新生活网页

**练习知识要点** 使用"CSS设计器"面板设置文本的大小和行距，使用"单选按钮"按钮制作单选题，使用"图像按钮"按钮插入图像按钮，效果如图9-149所示。

**素材所在位置** 学习资源\Ch09\素材\创新生活网页\index.html。

**效果所在位置** 学习资源\Ch09\效果\创新生活网页\index.html。

图9-149

## 课后习题——智能扫地机器人网页

**习题知识要点** 使用"表单"按钮插入表单，使用"Table"按钮插入表格，进行页面布局，使用"图像按钮"按钮插入图像按钮，使用"复选框"按钮插入复选框，使用"文本"按钮插入单行文本域，使用"Tel"按钮插入Tel文本域，效果如图9-150所示。

**素材所在位置** 学习资源\Ch09\素材\智能扫地机器人网页\index.html。

**效果所在位置** 学习资源\Ch09\效果\智能扫地机器人网页\index.html。

图9-150

# 第 10 章

## 行为

### 本章介绍

行为是Dreamweaver 2020预置的JavaScript程序库，每个行为包括一个动作和一个事件。任何一个动作都需要一个事件激活，两者相辅相成。动作是一段已编辑好的JavaScript代码，这些代码在特定事件被激发时执行。本章主要讲解行为和动作的应用方法，通过对这些内容的学习，可以在网页中熟练应用行为和动作，使设计制作的网页更加生动、精彩。

### 学习目标

- 掌握"行为"面板的使用方法
- 掌握调用JavaScript、打开浏览器窗口和转到URL动作的使用方法
- 掌握检查插件、检查表单和交换图像等动作的使用方法
- 掌握设置容器的文本、设置状态栏文本和设置文本域文字等动作的使用方法
- 掌握跳转菜单和跳转菜单开始等动作的使用方法

### 技能目标

- 掌握婚戒网页的制作方法
- 掌握品牌商城网页的制作方法
- 掌握卫浴网页的制作方法

# 10.1 行为概述

行为可理解成在网页中选择的一系列动作，以实现用户与网页间的交互。行为代码是Dreamweaver 2020提供的内置代码，运行于客户端的浏览器中。

## 10.1.1 "行为"面板

用户习惯使用"行为"面板为网页元素指定动作和事件。在文档编辑窗口中选择"窗口 > 行为"命令，或按Shift+F4组合键，弹出"行为"面板，如图10-1所示。

图10-1

"行为"面板由以下几部分组成。

"添加行为"按钮 + ：单击该按钮，弹出动作菜单，添加行为时，从动作菜单中选择一个动作即可。

"删除事件"按钮 - ：从面板中删除所选的事件和动作。

"增加事件值"按钮 ▲ 和"降低事件值"按钮 ▼ ：在面板中通过上、下移动选择的动作来调整动作的顺序；在"行为"面板中，所有事件和动作按照它们在面板中的显示顺序发生和执行，设计时要根据实际情况调整动作的顺序。

## 10.1.2 应用行为

### 1. 将行为附加到网页元素上

（1）在文档编辑窗口中选择一个元素，如一个图像或一个链接。若将行为附加到整个网页上，则单击文档编辑窗口左下方的标签选择器中的 body 标签。

（2）选择"窗口 > 行为"命令，弹出"行为"面板。

（3）单击"添加行为"按钮 + ，并在弹出的菜单中选择一个动作，如图10-2所示。选择某个动作后将弹出相应的参数设置对话框，在其中进行设置后，单击"确定"按钮。

（4）"行为"面板的事件列表中会显示动作的默认事件，单击该事件会出现下拉按钮 ▼ ，单击下拉按钮 ▼ ，弹出包含全部事件的事件列表，如图10-3所示，用户可根据需要选择相应的事件。

### 2. 将行为附加到文本上

将某个行为附加到所选的文本上的具体操作步骤如下。

（1）为文本添加一个空链接。

图10-2

图10-3

（2）选择"窗口 > 行为"命令，弹出"行为"面板。

（3）选中文本，单击"添加行为"按钮 **+**，从弹出的菜单中选择一个动作，如"弹出信息"动作，在弹出的"弹出信息"对话框中进行设置，如图10-4所示。

（4）"行为"面板的事件列表中会显示动作的默认事件，单击该事件，会出现下拉按钮 ∨，单击下拉按钮 ∨，弹出包含全部事件的事件列表，如图10-5所示，用户可根据需要选择相应的事件。

图10-4       图10-5

# 10.2 动作

动作是系统预先定义好的选择指定任务的代码。用户需要了解系统所提供的动作，掌握每个动作的功能，以及实现这些功能的方法。

## 10.2.1 课堂案例——婚戒网页

**案例学习目标** 使用"行为"面板设置打开浏览器窗口的效果。

**案例知识要点** 使用"打开浏览器窗口"命令制作在网页中显示指定大小和属性的弹出窗口，效果如图10-6所示。

**效果所在位置** 学习资源\Ch10\效果\婚戒网页\index.html。

### 1. 在网页中显示指定大小的弹出窗口

**01** 选择"文件 > 打开"命令，在弹出的"打开"对话框中，选择本书学习资源中的"Ch10\素材\婚戒网页\index.html"文件，单击"打开"按钮打开文件，如图10-7所示。

图10-6       图10-7

**02** 单击文档编辑窗口左下方标签选择器中的<body>标签，如图10-8所示。选择整个网页文档，效果如图10-9所示。

图10-8　　　　　　　　　　　　　　　　图10-9

**03** 按Shift+F4组合键，弹出"行为"面板，单击面板中的"添加行为"按钮 +，在弹出的菜单中选择"打开浏览器窗口"命令，弹出"打开浏览器窗口"对话框，如图10-10所示。

**04** 单击"要显示的URL"选项右侧的"浏览"按钮，在弹出的"选择文件"对话框中，选择本书学习资源中的"Ch10\素材\婚戒网页\ziye.html"文件，如图10-11所示。

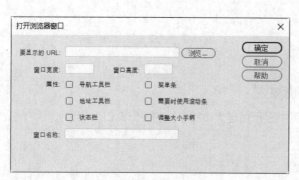

图10-10　　　　　　　　　　　　　　图10-11

**05** 单击"确定"按钮，返回"打开浏览器窗口"对话框，其他选项的设置如图10-12所示。单击"确定"按钮，返回"行为"面板，单击"事件"选项右侧的 ∨ 按钮，在弹出的菜单中选择"onClick"命令，如图10-13所示。

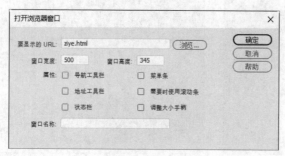

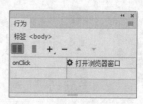

图10-12　　　　　　　　　　　　　　图10-13

**06** 保存文档，按F12键预览网页效果，在页面中单击会弹出窗口，如图10-14所示。

### 2. 添加导航工具栏和菜单条

**01** 返回Dreamweaver 2020界面，在"行为"面板中双击"打开浏览器窗口"，弹出"打开浏览器窗口"对话框。勾选"导航工具栏"和"菜单条"复选框，如图10-15所示，单击"确定"按钮完成设置。

**02** 保存文档，按F12键预览网页效果，弹出的窗口中显示了所选的导航工具栏和菜单条，如图10-16所示。

图10-14

图10-15

图10-16

## 10.2.2 调用 JavaScript

"调用 JavaScript"动作的功能是当某个事件发生时选择自定义函数或 JavaScript代码行。

使用"调用 JavaScript"动作的具体操作步骤如下。

（1）选择一个网页元素对象，如"刷新"按钮，如图10-17所示，然后打开"行为"面板。

（2）在"行为"面板中单击"添加行为"按钮+，从弹出的菜单中选择"调用 JavaScript"命令，弹出"调用JavaScript"对话框，如图10-18所示，在文本框中输入JavaScript 代码或用户想要触发的函数名。例如，要在单击"刷新"按钮时刷新网页，可以在文本框中输入"window.location.reload()"；要在单击"关闭"按钮时关闭网页，可以在文本框中输入"window.close()"。单击"确定"按钮完成设置。

图10-17

图10-18

（3）如果不使用默认事件，则单击该事件会出现下拉按钮 ∨，单击下拉按钮 ∨，弹出包含全部事件的事件列表，用户可根据需要选择相应的事件，如图10-19所示。

（4）按F12键预览网页，当单击"关闭"按钮时，效果如图10-20所示。

图10-19 图10-20

## 10.2.3 打开浏览器窗口

使用"打开浏览器窗口"动作可以在一个新的窗口中打开指定的网页，还可以指定新窗口的属性、特征和名称，具体操作步骤如下。

（1）打开一个网页文件，选择一张图片，如图10-21所示。

（2）打开"行为"面板，单击"添加行为"按钮 +，并在弹出的菜单中选择"打开浏览器窗口"命令，弹出"打开浏览器窗口"对话框。在对话框中根据需要设置相应参数，如图10-22所示，单击"确定"按钮完成设置。

图10-21

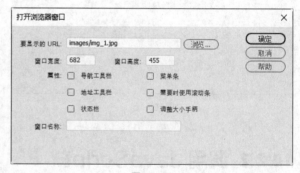

图10-22

"打开浏览器窗口"对话框中各选项的作用如下。

"要显示的URL"选项：必选项，用于设置要显示的网页的地址。

"窗口宽度"和"窗口高度"选项：以像素为单位设置窗口的宽度和高度。

"属性"选项组：根据需要勾选下列复选框以设定窗口的外观。

● "导航工具栏"复选框：设置是否在浏览器顶部显示导航工具栏，导航工具栏包括"主页"和"打印"等按钮。

● "地址工具栏"复选框：设置是否在浏览器顶部显示地址栏。

● "状态栏"复选框：设置是否在浏览器窗口底部显示状态栏，用以显示提示、状态等信息。

● "菜单条"复选框：设置是否在浏览器顶部显示菜单栏，包括"文件""编辑""查看""收藏夹""帮助"等菜单。

- "需要时使用滚动条"复选框：设置在浏览器的内容超出可视区域时，是否显示滚动条。
- "调整大小手柄"复选框：设置是否能够调整窗口的大小。

"窗口名称"选项：输入新窗口的名称；因为通过JavaScript使用链接指向新窗口或控制新窗口，所以应该对新窗口进行命名。

（3）添加行为时，系统自动为用户选择了"onLoad"选项。需要调整事件时，可单击该事件，会出现下拉按钮，单击下拉按钮，选择"onMouseOver"（鼠标指针经过）选项，如图10-23所示，"行为"面板中的事件立即改变。

（4）使用相同的方法，为其他图片添加行为。

（5）保存文档，按F12键预览网页效果。当鼠标指针经过指定的图片时，会弹出一个窗口，显示大图片，如图10-24所示。

图10-23

图10-24

## 10.2.4　转到 URL

"转到URL"动作的功能是在当前窗口或指定的框架中打开一个新网页，此操作尤其适用于通过一次单击操作更改两个或多个框架的内容。

使用"转到URL"动作的具体操作步骤如下。

（1）选择一个网页元素对象并打开"行为"面板。

（2）单击"添加行为"按钮，从弹出的菜单中选择"转到URL"命令，弹出"转到URL"对话框，如图10-25所示。在对话框中根据需要设置相应选项，单击"确定"按钮，完成设置。

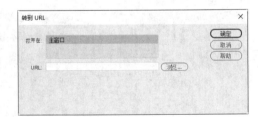

图10-25

"转到URL"对话框中各选项的作用如下。

"打开在"选项：列表中自动列出当前框架集中所有框架的名称和主窗口；如果没有任何框架，则主窗口是唯一的选项。

"URL"选项：单击"浏览"按钮选择要打开的文档，或者直接在文本框中输入要打开文档的地址。

（3）如果不使用默认事件，则在单击该事件时，会出现下拉按钮，单击下拉按钮，弹出包含全部事件的事件列表，用户可根据需要选择相应的事件。

（4）按F12键预览网页效果。

## 10.2.5 课堂案例——品牌商城网页

案例学习目标 使用"行为"面板设置交换图像效果。

案例知识要点 使用"交换图像"命令制作鼠标指针经过图像时图像发生变化的效果，如图10-26所示。

效果所在位置 学习资源\Ch10\效果\品牌商城网页\index.html。

**01** 选择"文件 > 打开"命令，在弹出的"打开"对话框中选择本书学习资源中的"Ch10\素材\品牌商城网页\index.html"文件，单击"打开"按钮打开文件，如图10-27所示。

图10-26

图10-27

**02** 选中图10-28所示的图片。选择"窗口 > 行为"命令，弹出"行为"面板，单击面板中的"添加行为"按钮 +，在弹出的菜单中选择"交换图像"命令，弹出"交换图像"对话框，如图10-29所示。单击"设定原始档为"选项右侧的"浏览"按钮，在弹出的"选择图像源文件"对话框中选择本书学习资源中的"Ch10\素材\品牌商城网页\images\img_02.jpg"文件，单击"确定"按钮，返回"交换图像"对话框，如图10-30所示。单击"确定"按钮，"行为"面板如图10-31所示。

图10-28

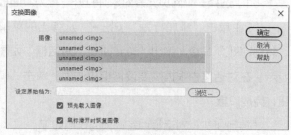

图10-29

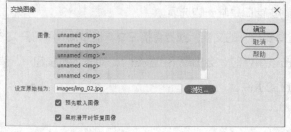

图10-30

图10-31

**03** 保存文档，按F12键预览网页效果，如图10-32所示，当鼠标指针经过图像时，图像发生变化，如图10-33所示。

图10-32

图10-33

## 10.2.6　检查插件

"检查插件"动作的功能是判断用户是否安装了指定的插件，根据结果转到不同的页面。

使用"检查插件"动作的具体操作步骤如下。

（1）选择一个网页元素对象并打开"行为"面板。

（2）在"行为"面板中单击"添加行为"按钮+，从弹出的菜单中选择"检查插件"命令，弹出"检查插件"对话框，如图10-34所示。在对话框中根据需要设置相应选项，单击"确定"按钮完成设置。

图10-34

"检查插件"对话框中各选项的作用如下。

"插件"选项组：设置插件对象，包括选择插件和输入插件名称两种方式。若选择"选择"单选按钮，则从其右侧的下拉列表中选择一个插件；若选择"输入"单选按钮，则在其右侧的文本框中输入插件的确切名称。

"如果有，转到URL"选项：为具有该插件的浏览者指定一个网页地址，若要让具有该插件的浏览者停留在同一网页上，则此选项为空。

"否则，转到URL"选项：为不具有该插件的浏览者指定一个替代网页地址；若要让不具有该插件的浏览者停留在同一网页上，则此选项为空。默认情况下，当不能检测时，转到"否则，转到URL"文本框中列出的URL对应的网页。

"如果无法检测，则始终转到第一个URL"选项：当不能检测时，要想转到"如果有，转到URL"选项指定的网页，则勾选此复选框。通常，若插件内容对于用户的网页而言是不必要的，则保持此复选框的未勾选状态。

（3）如果不使用默认事件，则单击该事件会出现下拉按钮，单击下拉按钮，弹出包含全部事件的事件列表，用户可根据需要选择相应的事件。

（4）按F12键预览网页效果。

## 10.2.7 检查表单

"检查表单"动作的功能是检查指定的文本域的内容以确保用户输入了正确类型的数据。若使用 onBlur 事件将"检查表单"动作分别附加到各文本域中，则在用户填写表单时对文本域进行检查。若使用 onSubmit 事件将"检查表单"动作附加到表单中，则在用户单击"提交"按钮时，同时对多个文本域进行检查。将"检查表单"动作附加到表单中，能防止将表单中任何指定的文本域内的无效数据提交到服务器上。

使用"检查表单"动作的具体操作步骤如下。

（1）选择文档编辑窗口下部的表单标签<form>，打开"行为"面板。

（2）在"行为"面板中单击"添加行为"按钮+，并从弹出的菜单中选择"检查表单"命令，弹出"检查表单"对话框，如图10-35所示。

"检查表单"对话框中各选项的作用如下。

"域"选项：在列表框中选择表单内需要进行检查的其他对象。

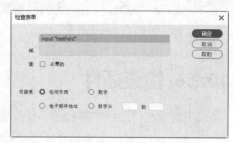

图10-35

"值"选项：设置在"域"选项中选择的表单对象的值是否在用户浏览表单时必须设置。

"可接受"选项组：设置"域"选项中选择的表单对象允许接受的值，允许接受的值包含以下几种类型。

- "任何东西"选项：设置检查的表单对象中可以包含任何特定类型的数据。
- "电子邮件地址"选项：设置检查的表单对象中可以包含一个"@"符号。
- "数字"选项：设置检查的表单对象中只包含数字。
- "数字从……到……"选项：设置检查的表单对象中只包含特定范围内的数字。

在"检查表单"对话框中根据需要设置相应选项，在"域"选项中选择要检查的表单对象，在"值"选项中设置是否必须检查该表单对象，在"可接受"选项组中设置表单对象允许接受的值，单击"确定"按钮完成设置。

（3）如果不使用默认事件，则单击该事件会出现下拉按钮∨，单击下拉按钮∨，弹出包含全部事件的事件列表，用户可根据需要选择相应的事件。

（4）按F12键预览网页效果。

在用户提交表单时，如果要检查多个表单对象，则自动选择onSubmit事件。如果要分别检查各个表单对象，则检查默认事件是否是onBlur或onChange事件，当用户从要检查的表单对象上移开鼠标指针时，这两个事件都会触发"检查表单"动作。它们之间的区别是onBlur事件不管用户是否在该表单对象中输入内容都会发生，而onChange事件只有在用户更改了该表单对象的内容时才发生。当表单对象是必须检查的表单对象时，最好使用onBlur事件。

## 10.2.8　交换图像

"交换图像"动作通过更改<img>标签的src属性将一个图像和另一个图像交换。"交换图像"动作主要用于创建当鼠标指针经过时产生动态变化的按钮。

使用"交换图像"动作的具体操作步骤如下。

（1）若文档中没有图像，则选择"插入 > Image"命令或单击"插入"面板的"HTML"选项卡中的"Image"按钮 来插入一个图像。若要在鼠标指针经过一个图像时使多个图像同时变换成相同的图像，则需要插入多个图像。

（2）选择一个要变换的图像对象，打开"行为"面板。

（3）在"行为"面板中单击"添加行为"按钮+，从弹出的菜单中选择"交换图像"命令，弹出"交换图像"对话框，如图10-36所示。

"交换图像"对话框中各选项的作用如下。

"图像"选项：选择要变换的图像。

"设定原始档为"选项：输入新图像的路径或单击"浏览"按钮并选择新图像文件。

"预先载入图像"选项：设置是否在载入网页

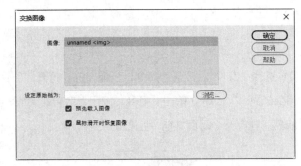

图10-36

时将新图像载入浏览器的缓存中；若勾选此复选框，则可防止由于下载而导致图像出现的延迟。

"鼠标滑开时恢复图像"选项：设置是否在鼠标指针滑开时恢复图像；若勾选此复选框，则会自动添加"恢复交换图像"动作，将最后一组交换的图像恢复为它们以前的源文件，这样就会出现连续的动态效果。

根据需要从"图像"列表中选择要变换的图像，在"设定原始档为"文本框中输入新图像的路径或单击"浏览"按钮并选择新图像文件，勾选"预先载入图像"和"鼠标滑开时恢复图像"复选框，然后单击"确定"按钮完成设置。

（4）如果不使用默认事件，则单击该事件会出现下拉按钮∨，单击下拉按钮∨，弹出包含全部事件的事件列表，用户可根据需要选择相应的事件。

（5）按F12键预览网页效果。

> **提示**　因为只有src属性受此动作的影响，所以用户应该使用一个与原图像具有相同高度和宽度的图像进行变换。否则，换入的图像显示时会被压缩或扩展，以使其适应原图像的尺寸。

## 10.2.9 课堂案例——卫浴网页

【案例学习目标】 使用"行为"面板设置状态栏显示的内容。

【案例知识要点】 使用"设置状态栏文本"命令设置加载网页文档时状态栏中显示的文字，如图10-37所示。

【效果所在位置】 学习资源\Ch10\效果\卫浴网页\index.html。

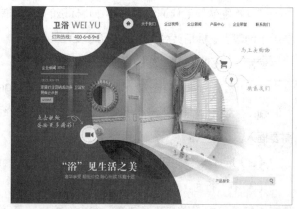

图10-37

**01** 选择"文件 > 打开"命令，在弹出的"打开"对话框中选择本书学习资源中的"Ch10\素材\卫浴网页\index.html"文件，单击"打开"按钮，效果如图10-38所示。单击文档编辑窗口下方标签选择器中的 body 标签，选择整个网页文档，如图10-39所示。

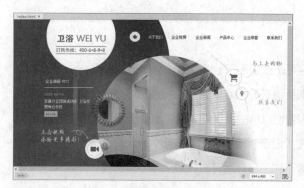

图10-38

图10-39

**02** 选择"窗口 > 行为"命令，弹出"行为"面板。在"行为"面板中单击"添加行为"按钮 +，在弹出的菜单中选择"设置文本 > 设置状态栏文本"命令，弹出"设置状态栏文本"对话框，在对话框中进行设置，如图10-40所示。单击"确定"按钮，在"行为"面板中单击事件，再单击下拉按钮 ，在弹出的下拉列表中选择"onLoad"选项，如图10-41所示。

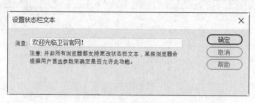

图10-40

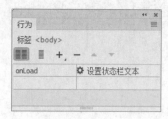

图10-41

**03** 保存文档，按F12键预览网页，浏览器的状态栏
中会显示刚才设置的文本，效果如图10-42所示。

图10-42

## 10.2.10 设置容器的文本

　　"设置容器的文本"动作的功能是用指定的内容替换网页上现有层的内容和格式，该内容可以包括任何有效的HTML源代码。

　　虽然"设置容器的文本"动作将替换层的内容和格式，但会保留层的属性，包括颜色。通过在"设置容器的文本"对话框的"新建HTML"文本框中加入HTML标签，可对内容进行格式设置。

　　使用"设置容器的文本"动作的具体操作步骤如下。

　　（1）单击"插入"面板的"HTML"选项卡中的"Div"按钮 <img>，在文档编辑窗口中生成一个div容器。选择窗口中的div容器，在"属性"面板的"ID"文本框中输入一个名称。

　　（2）在文档编辑窗口中选择一个对象，如文字、图像或按钮等，并打开"行为"面板。

　　（3）在"行为"面板中单击"添加行为"按钮 <img>，从弹出的菜单中选择"设置文本 > 设置容器的文本"命令，弹出"设置容器的文本"对话框，如图10-43所示。

　　"设置容器的文本"对话框中各选项的作用如下。

　　"容器"选项：选择目标层。

图10-43

　　"新建 HTML"选项：输入层内显示的消息或相应的JavaScript代码。

　　在对话框中根据需要选择相应的层，并在"新建 HTML"选项中输入层内显示的消息，单击"确定"按钮完成设置。

　　（4）如果不使用默认事件，则单击该事件会出现下拉按钮 ∨，单击下拉按钮 ∨，弹出包含全部事件的事件列表，用户可根据需要选择相应的事件。

　　（5）按F12键预览网页效果。

> **提示** 可以在文本中嵌入任何有效的JavaScript函数调用、属性、全局变量或其他表达式，如果要嵌入一个JavaScript 表达式，则将其放置在大括号 ({}) 中。例如，"The URL for this page is {window.location}, and today is {new Date()}."。若要显示大括号，则需在它前面加一个反斜杠 (\)。

## 10.2.11 设置状态栏文本

"设置状态栏文本"动作的功能是设置在浏览器窗口底部左侧的状态栏中显示的消息。访问者常常会忽略或注意不到状态栏中的消息，如果消息非常重要，则将其显示为弹出式消息或层文本。

使用"设置状态栏文本"动作的具体操作步骤如下。

（1）选择一个对象，如文字、图像或按钮等，打开"行为"面板。

（2）在"行为"面板中单击"添加行为"按钮 +，从弹出的菜单中选择"设置文本 > 设置状态栏文本"命令，弹出"设置状态栏文本"对话框，如图10-44所示。对话框中只有一个"消息"选项，其作用是在文本框中输入要在状态栏中显示的消息。消息要简明扼要，否则浏览器将把溢出的消息截掉。

在对话框中根据需要输入状态栏消息或相应的JavaScript代码，单击"确定"按钮完成设置。

（3）如果不使用默认事件，可在"行为"面板中单击该动作前的事件，再单击下拉按钮，在事件列表中选择相应的事件。

（4）按F12键预览网页效果。

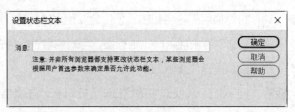

图10-44

## 10.2.12 设置文本域文字

"设置文本域文字"动作的功能是用指定的内容替换表单文本域的内容。

使用"设置文本域文字"动作的具体操作步骤如下。

（1）若文档中没有文本域对象，则要创建一个文本域。先选择"插入 > 表单 > 文本区域"命令，在页面中创建多行文本域，然后在"属性"面板的"Name"文本框中输入该文本域的名称，需确保该名称在网页中是唯一的，如图10-45所示。

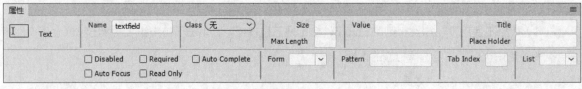

图10-45

（2）选择该文本域并打开"行为"面板。

（3）在"行为"面板中单击"添加行为"按钮+，从弹出的菜单中选择"设置文本 > 设置文本域文字"命令，弹出"设置文本域文字"对话框，如图10-46所示。

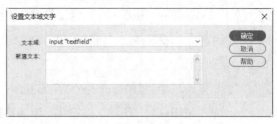

图10-46

"设置文本域文字"对话框中各选项的作用如下。

"文本域"选项：选择目标文本域。

"新建文本"选项：输入要替换的文本信息或相应的JavaScript代码；如果要在表单文本域中显示网页的地址和当前日期，则在"新建文本"选项中输入"The URL for this page is {window.location}, and today is {new Date()}."。

在对话框中根据需要选择相应的文本域，并在"新建文本"选项中输入要替换的文本信息或相应的JavaScript代码，单击"确定"按钮完成设置。

（4）如果不使用默认事件，则单击该事件会出现下拉按钮∨，单击下拉按钮∨，弹出包含全部事件的事件列表，用户可根据需要选择相应的事件。

（5）按F12键预览网页效果。

## 10.2.13 跳转菜单

跳转菜单是链接的一种形式，与真正的链接相比，跳转菜单可以节省空间。跳转菜单从表单中的下拉列表发展而来，通过"行为"面板中的"跳转菜单"选项添加。

使用"跳转菜单"动作的具体操作步骤如下。

（1）新建一个空白页面，并将其保存在适当的位置。单击"插入"面板的"表单"选项卡中的"表单"按钮▤，在页面中插入一个表单，如图10-47所示。

（2）单击"插入"面板的"表单"选项卡中的"选择"按钮▤，在表单中插入一个下拉列表，如图10-48所示。选中文本"Select:"并将其删除，效果如图10-49所示。

图10-47

图10-48

图10-49

（3）在页面中选择下拉列表，打开"行为"面板，单击"添加行为"按钮 +，从弹出的菜单中选择"跳转菜单"命令，弹出"跳转菜单"对话框，如图10-50所示。

图10-50

"跳转菜单"对话框中各选项的作用如下。

"添加"按钮 + 和"删除"按钮 −：添加和删除菜单项。

"在列表中下移项"按钮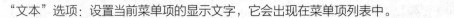和"在列表中上移项"按钮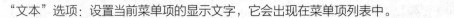：在菜单项列表中移动当前菜单项，设置该菜单项在菜单项列表中的位置。

"菜单项"选项：显示所有菜单项。

"文本"选项：设置当前菜单项的显示文字，它会出现在菜单项列表中。

"选择时，转到URL"选项：为当前菜单项设置当浏览者单击它时要打开的网页地址。

"打开URL于"选项：设置打开网页的窗口类型，包括"主窗口"和"框架"两个选项；"主窗口"选项表示在同一个窗口中打开文件；"框架"选项表示在所选的框架中打开文件，但选择该选项前应先给框架命名。

"更改URL后选择第一个项目"选项：设置浏览者通过跳转菜单打开网页后，该菜单项是否是第一个菜单项。

在对话框中根据需要更改和重新排列菜单项、更改要跳转到的网页，以及更改打开这些网页的窗口，然后单击"确定"按钮完成设置。

（4）如果不使用默认事件，则单击该事件会出现下拉按钮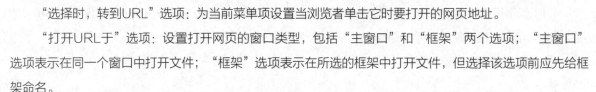，单击下拉按钮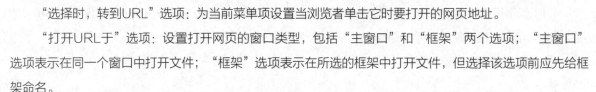，弹出包含全部事件的事件列表，用户可根据需要选择相应的事件。

（5）按F12键预览网页效果。

## 10.2.14 跳转菜单开始

"跳转菜单开始"动作与"跳转菜单"动作密切关联。"跳转菜单开始"动作将一个"前往"按钮和一个跳转菜单关联起来，单击"前往"按钮打开在该跳转菜单中选择的链接。通常情况下，跳转菜单不需要"前往"按钮。但是，如果跳转菜单出现在一个框架中，而跳转菜单项链接到其他框架中的网页，则通常需要使用"前往"按钮，以允许访问者重新选择已在跳转菜单中选择的项。

使用"跳转菜单开始"动作的具体操作步骤如下。

（1）打开上一小节制作好的效果文件，如图10-51所示。选择下拉列表，在"属性"面板中单击"列表值"按钮，弹出"列表值"对话框。单击 + 按钮，再添加一个项目，如图10-52所示，单击"确定"按钮，完成列表值的修改。

（2）将光标置入下拉列表的后面，单击"插入"面板的"表单"选项卡中的"按钮"按钮 ⊜ ，在表单中插入一个普通按钮，在"属性"面板中将文本"Value"修改为"前往"，如图10-53所示。

图10-51　　　　　　　　　　　　　　　　图10-52　　　　　　　　　　　　　　　　图10-53

（3）选择"前往"按钮，在"行为"面板中单击"添加行为"按钮 ⊞ ，从弹出的菜单中选择"跳转菜单开始"命令，弹出"跳转菜单开始"对话框，如图10-54所示。在"选择跳转菜单"下拉列表中选择"前往"按钮要激活的菜单，然后单击"确定"按钮完成设置。

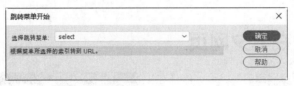

图10-54

（4）如果不使用默认事件，则单击该事件会出现下拉按钮 ⌄ ，单击下拉按钮 ⌄ ，弹出包含全部事件的事件列表，用户可根据需要选择相应的事件。

（5）按F12键预览网页效果，如图10-55所示。单击"前往"按钮，跳转到相应的页面，效果如图10-56所示。

图10-55　　　　　　　　　　　　　　　　　　　　　图10-56

## 课堂练习——活动详情页

练习知识要点 使用"弹出信息"命令为页面添加弹出信息，效果如图10-57所示。

素材所在位置 学习资源\Ch10\素材\活动详情页\index.html。

效果所在位置 学习资源\Ch10\效果\活动详情页\index.html。

图10-57

## 课后习题——爱在七夕网页

习题知识要点 使用"打开浏览器窗口"命令，制作在网页中显示指定大小的弹出窗口效果，如图10-58所示。

素材所在位置 学习资源\Ch10\素材\爱在七夕网页\index.html。

效果所在位置 学习资源\Ch10\效果\爱在七夕网页\index.html。

图10-58

# 第 11 章

## 网页代码

**本章介绍**

Dreamweaver 2020提供代码编辑工具，方便用户直接编写或修改代码，实现Web页面的交互效果。在Dreamweaver 2020中插入的网页内容及动作都会自动转换为代码，因此，只有熟悉查看和编写代码的环境并了解源代码，才能真正懂得网页的设计逻辑。

**学习目标**

● 掌握新建标签库、标签、属性的方法

● 掌握常用HTML标签的使用方法

● 掌握调用HTML事件过程的方法

**技能目标**

● 掌握品质狂欢节网页的制作方法

# 11.1 代码基础

虽然可以直接切换到"代码"视图查看和修改代码，但代码中很小的错误都可能是致命的，从而导致网页无法正常浏览。Dreamweaver 2020提供了标签库编辑器来有效地创建源代码。

## 11.1.1 课堂案例——品质狂欢节网页

案例学习目标 使用"页面属性"命令修改页面边距，使用"插入"面板制作浮动框架效果。

案例知识要点 使用"页面属性"命令修改页面边距和标题，使用"IFRAME"按钮制作浮动框架效果，如图11-1所示。

效果所在位置 学习资源\Ch11\效果\品质狂欢节网页\index.html。

**01** 打开Dreamweaver 2020后，新建一个空白文档，新建文档的初始名称为"Untitled-1"。选择"文件 > 保存"命令，弹出"另存为"对话框。在"保存在"下拉列表中选择当前站点目录保存路径，在"文件名"文本框中输入"index"，单击"保存"按钮，返回文档编辑窗口。

**02** 选择"文件 > 页面属性"命令，弹出"页面属性"对话框。在左侧的"分类"列表中选择"外观（CSS）"选项，将"左边距""右边距""上边距""下边距"均设置为0px，如图11-2所示；在左侧的"分类"列表中选择"标题/编码"选项，在"标题"文本框中输入"品质狂欢节网页"，如图11-3所示。单击"确定"按钮，完成页面属性的修改。

图11-1

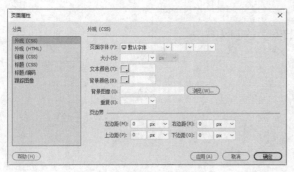

图11-2

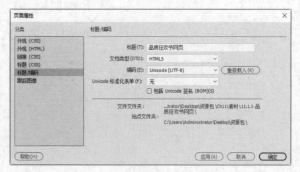

图11-3

**03** 单击"文档"工具栏中的"拆分"按钮 拆分 ，进入"拆分"视图。将光标置入 `<body>` 标签后面，按Enter键，将光标切换到下一行，如图11-4所示。单击"插入"面板的"HTML"选项卡中的"IFRAME"按钮 ，在光标所在的位置自动生成代码，如图11-5所示。

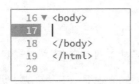

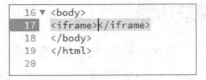

图11-4　　　　　　　　　　　图11-5

**04** 将光标置入<iframe>标签中，按一次Space键，标签列表中出现该标签的属性参数，在其中选择属性"src"，如图11-6所示，出现"浏览"选项，如

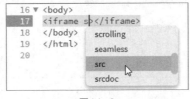

图11-6

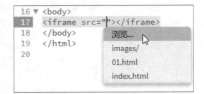

图11-7

图11-7所示。选择"浏览"选项，在弹出的"选择文件"对话框中选择本书学习资源中的"Ch11\素材\品质狂欢节网页\01.html"文件，如图11-8所示。单击"确定"按钮，返回文档编辑窗口，代码如图11-9所示。

图11-8

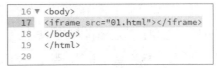

图11-9

**05** 在<iframe>标签中添加其他属性，如图11-10所示。

```
16 ▼ <body>
17    <iframe src="01.html" width="800" height="500"></iframe>
18    </body>
19    </html>
20
```

图11-10

**06** 单击"文档"工具栏中的"设计"按钮 设计，返回"设计"视图，效果如图11-11所示。保存文档，按F12键预览网页效果，如图11-12所示。

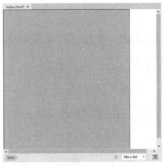

图11-11

图11-12

215

## 11.1.2 代码提示功能

代码提示是网页制作者在代码窗口中编写或修改代码的有效工具。只要在"代码"视图的相应标签间按 < 键或Space键，就会出现关于该标签常用属性、方法、事件的代码提示下拉列表，如图11-13所示。

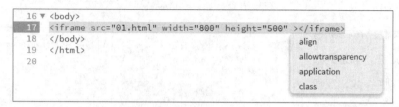

图11-13

## 11.1.3 添加和删除标签库、标签和属性

在Dreamweaver 2020中，标签库中有一组特定类型的标签，其中还包含Dreamweaver 2020应如何设置标签格式的信息。标签库提供了Dreamweaver 2020用于代码提示、目标浏览器检查、标签选择器和其他代码功能的标签信息。使用标签库编辑器，可以添加和删除标签库、标签和属性，设置标签库的属性，以及编辑标签和属性。

选择"工具 > 标签库"命令，弹出"标签库编辑器"对话框，如图11-14所示。标签库中列出了绝大部分各种语言可能用到的标签及其属性参数，设计者可以轻松地添加和删除标签库、标签和属性。

图11-14

### 1. 新建标签库

打开"标签库编辑器"对话框，单击+按钮，在弹出的菜单中选择"新建标签库"命令，弹出"新建标签库"对话框，在"库名称"文本框中输入名称，如图11-15所示，单击"确定"按钮完成设置。

### 2. 新建标签

打开"标签库编辑器"对话框，单击+按钮，在弹出的菜单中选择"新建标签"命令，弹出"新建标签"对话框，如图11-16所示。先在"标签库"下拉列表中选择一个标签库，然后在"标签名称"文本框中输入新标签的名称。若要添加多个标签，则输入这些标签的名称，中间以逗号和空格来分隔，如"First Tags, Second Tags"。如果新的标签具有相应的结束标签 (</…>)，则勾选"具有匹配的结束标签"复选框，单击"确定"按钮完成设置。

### 3. 新建属性

"新建属性"命令用于为标签库中的标签添加新的属性。打开"标签库编辑器"对话框，单击 + 按钮，在弹出的菜单中选择"新建属性"命令，弹出"新建属性"对话框，如图11-17所示，设置对话框中的选项。一般情况下，在"标签库"下拉列表中选择一个标签库，在"标签"下拉列表中选择一个标签，在"属性名称"文本框中输入新属性的名称。若要添加多个属性，则输入这些属性的名称，中间以逗号和空格来分隔，如"width，height"，单击"确定"按钮完成设置。

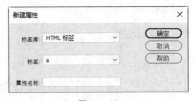

图11-15　　　　　　　　　　　图11-16　　　　　　　　　　　图11-17

### 4. 删除标签库、标签或属性

打开"标签库编辑器"对话框，先在"标签"列表中选择一个标签库、标签或属性，再单击 − 按钮，可将选择的选项从"标签"列表中删除，单击"确定"按钮关闭"标签库编辑器"对话框。

# 11.2 常用的HTML标签

HTML是超文本标记语言，HTML文件是可被网络浏览器读取并生成网页的文件。常用的HTML标签有以下几种。

### 1. 文件结构标签

文件结构标签包含<html>、<head>、<title>、<body>等。<html>标签用于标记页面的开始，它由文档头部分和文档体部分组成，浏览时只有文档体部分会被显示。<head>标签用于标记网页的开头部分，开头部分用于存储重要资讯，如注释、meta和标题等。<title>标签用于标记页面的标题，浏览时在浏览器的标题栏上显示。<body>标签用于标记网页的文档体部分。

### 2. 排版标签

在网页中有4种段落对齐方式：左对齐、右对齐、居中对齐和两端对齐。在HTML语言中，可以使用align属性来设置段落的对齐方式。

align属性可以应用于多种标签，如分段标签<p>、标题标签<hn>及水平线标签<hr>等。align属性的取值有4种：left（左对齐）、center（居中对齐）、right（右对齐）及justify（两端对齐）。两端对齐是指将一行中的文本在排满的情况下向左右两个页边对齐，以避免在左右页边出现锯齿状。

对于不同的标签，align属性的默认值是不同的。对于分段标签和各个标题标签，align属性的默认值为left；对于水平线标签<hr>，align属性的默认值为center。若要将文档中的多个段落的对齐方式设置成相同的，可将这些段落置入<div>和</div>之间，组成一个节，并使用align属性来设置该节的对齐方式。如果要将部分文档内容设置为居中对齐，也可以将这部分内容置入<center>和</center>之间。

### 3. 列表标签

列表分为无序列表和有序列表两种。<li>标签用于标记无序列表，如项目符号；<ol>标签用于标记有序列表，如标号。

### 4. 表格标签

表格标签包括表格标签<table>、表格标题标签<caption>、表格行标签<tr>、表格字段名标签<th>、列标签<td>等。

### 5. 图形标签

图形标签为<img>，其常用属性是src和alt，分别用于设置图像的位置和替换文本。src属性给出图像文件的URL，图像可以是JPEG文件、GIF文件或PNG文件。alt属性给出图像的简单文本说明，这段文本在浏览器不能显示图像时显示，或在图像加载时间过长时先显示出来。

<img>标签不仅用于向网页中插入图像，也可用于播放Video for Windows的多媒体文件（AVI格式的文件）。要在网页中播放多媒体文件，应在<img>标签中设置dynsrc、start、loop、controls和loopdelay属性。

例如，将影片循环播放3次，中间延时250毫秒，代码如下：

```
<img src="SAMPLE-S.GIF" dynsrc="SAMPLE-S.AVI" loop=3 loopdelay=250>
```

例如，将鼠标指针移到AVI播放区域之上时才开始播放"SAMPLE-S.AVI"影片，代码如下：

```
<img src="SAMPLE-S.GIF" dynsrc="SAMPLE-S.AVI" start=mouseover>
```

### 6. 超链接标签

超链接标签为<a>，其常用属性有href、target、title等，其中href属性标记目标端点的URL，target属性显示链接文件的一个窗口或框架，title属性显示链接文件的标题文字。

### 7. 表单标签

表单在HTML页面中起着重要的作用，它是接收用户信息的主要工具。一个表单至少应该包括说明性文字、供用户填写的表格、"提交"按钮和"重置"按钮等内容。用户填写了所需的资料之后，单击"提交"按钮，所填资料就会通过专门的CGI接口传送到Web服务器上。网页设计者随后就能在Web服务器上看到用户填写的资料，从而完成从用户到设计者的反馈。

表单中的主要元素包括普通按钮、单选按钮、复选框、下拉列表、单行文本域、多行文本域、"提交"按钮、"重置"按钮。

### 8. 滚动标签

滚动标签为<marquee>，它会对文本和图像进行滚动，形成滚动的页面效果。

### 9. 载入网页时的背景音乐标签

载入网页时的背景音乐标签为<bgsound>，用它可设置页面载入时的背景音乐。

## 11.3 脚本语言

脚本是一个包含源代码的文件,一次只有一行被解释或翻译成为机器语言。在脚本处理过程中会翻译每个代码行,一次选择一行代码,直到脚本中所有代码都被处理完成。Web应用程序经常使用客户端脚本和服务器端的脚本,本节讨论的是客户端脚本。

用脚本创建的应用程序有代码行数的限制,一般小于100行。脚本程序较小,一般用"记事本"或在Dreamweaver 2020的"代码"视图中创建、编辑。

使用脚本语言主要有两个原因:一是创建脚本比创建编译程序快,二是用户可以使用文本编辑器快速、容易地修改脚本。要修改编译程序,必须有程序的源代码,而且修改了源代码以后,必须重新编译它,所有这些要求使修改编译程序比修改脚本更加复杂而且耗时。

脚本语言主要包含接收用户数据、处理数据和显示输出结果数据三部分语句。计算机中最基本的操作是输入和输出,Dreamweaver 2020提供了输入和输出函数。InputBox()是实现输入效果的函数,它会弹出一个对话框来接收浏览者输入的信息;MsgBox()是实现输出效果的函数,它会弹出一个对话框来显示输出信息。

有的操作要在一定条件下才能进行,这要用条件语句实现。对于需要重复进行的操作,应该使用循环语句实现。

## 11.4 调用HTML事件过程

前面已经介绍了基本的事件及其触发条件,现在讨论在代码中调用事件过程的方法。调用事件过程有3种方法,下面以在按钮上单击时弹出欢迎对话框为例,介绍调用事件过程的方法。

### 1. 通过名称调用事件过程

```
<html>
<head>
<title>事件过程调用的实例</title>
<script language=vbscript>
<!--
  sub bt1_onClick()
    msgbox "欢迎使用代码实现浏览器的动态效果!"
  end sub
-->
</script>
</head>
<body>
  <input name=bt1 type="button" value="单击这里">
</body>
</html>
```

## 2. 通过for/event属性调用事件过程

```
<html>
<head>
<title>事件过程调用的实例</title>
<script language=vbscript for="bt1" event="onclick">
<!--
  msgbox "欢迎使用代码实现浏览器的动态效果！"
-->
</script>
</head>
<body>
  <input name=bt1 type="button" value="单击这里">
</body>
</html>
```

## 3. 通过控件属性调用事件过程

```
<html>
<head>
<title>事件过程调用的实例</title>
<script language=vbscript>
<!--
  sub msg()
    msgbox "欢迎使用代码实现浏览器的动态效果！"
  end sub
-->
</script>
</head>
<body>
 <input name=bt1 type="button" value="单击这里" onclick="msg">
</body>
</html>
<html>
<head>
<title>事件过程调用的实例</title>
</head>
<body>
<input name=bt1 type="button" value="单击这里" onclick='msgbox "欢迎使用代码实现浏览器的动态效果！"'
language="vbscript">
</body>
</html>
```

## 课堂练习——土特产网页

`练习知识要点` 使用"代码"视图，手动输入代码，设置禁止滚动和禁止使用鼠标右键单击，效果如图11-18所示。

`素材所在位置` 学习资源\Ch11\素材\土特产网页\index.html。

`效果所在位置` 学习资源\Ch11\效果\土特产网页\index.html。

图11-18

## 课后习题——机电设备网页

`习题知识要点` 使用"页面属性"命令添加页面标题；使用"IFRAME"按钮制作浮动框架效果，如图11-19所示。

`素材所在位置` 学习资源\Ch11\素材\机电设备网页\index.html。

`效果所在位置` 学习资源\Ch11\效果\机电设备网页\index.html。

图11-19

# 第 12 章

## 商业案例实训

**本章介绍**

本章将以模拟网页设计项目情境的方式来训练读者利用所学知识完成网页设计。通过多个网页设计项目的演练，读者能够进一步掌握Dreamweaver 2020的强大功能和使用技巧，并应用所学技能制作出网页作品。

**学习目标**

● 掌握利用表格进行页面布局的方法和技巧

● 掌握"CSS设计器"面板的使用方法

● 掌握动画文件和图像文件的插入和应用方法

**技能目标**

● 掌握锋七游戏网页的制作方法

● 掌握户外运动网页的制作方法

● 掌握短租房网页的制作方法

● 掌握网络营销网页的制作方法

# 12.1　游戏娱乐——锋七游戏网页

## 12.1.1　项目背景及要求

**❶ 客户名称**

锋七游戏公司。

**❷ 客户需求**

　　锋七游戏公司是全球领先的游戏互动娱乐平台、游戏玩家的网上乐园。这里汇集了热门的网络游戏和好玩的大型游戏，以及玩家真实交友等服务。该公司现推出几款新的游戏，要为其前期的宣传做准备，网页内容要求能够体现公司的特点，达到宣传效果。

**❸ 设计要求**

（1）将浅色的背景与深色图像形成对比效果，突出宣传主体。

（2）以生动的游戏画面瞬间吸引玩家的注意力，让人印象深刻。

（3）整体设计干净，方便玩家操作。

（4）以沉稳、严谨的设计体现公司的经营特色。

（5）设计规格为1600像素（宽）×1510像素（高）。

## 12.1.2　项目素材及要点

**❶ 素材资源**

图片素材所在位置：学习资源\Ch12\素材\锋七游戏网页\images。

文字素材所在位置：学习资源\Ch12\素材\锋七游戏网页\text.txt。

**❷ 作品参考**

设计作品参考效果文件所在位置：学习资源\
Ch12\效果\锋七游戏网页\index.html。网页效果如
图12-1所示。

**❸ 制作要点**

　　使用"Table"按钮插入布局表格，使用
"Image"按钮插入图像，使用"CSS设计器"面
板控制文字的字体、大小、颜色和行距，使用"属
性"面板设置单元格的宽度和高度。

图12-1

# 课堂练习1——娱乐星闻网页

## 练习1.1　项目背景及要求

**❶ 客户名称**

娱乐星闻有限公司。

**❷ 客户需求**

娱乐星闻有限公司是一家网络媒体公司，目前推出全新的娱乐星闻网站。网站首页内容主要包括娱乐新闻、歌曲排行及明星的最新动态，网页要求时尚且多元化。

**❸ 设计要求**

（1）以浅色的底图突出红色的主体图形和文字，让人一目了然。

（2）页面布局规整、简洁，便于用户浏览和搜索。

（3）字体的设计简洁、直观，辨识度强。

（4）设计具有时代感且多元化，能迎合年轻人的喜好。

（5）设计规格为1000像素（宽）×1988像素（高）。

## 练习1.2　项目素材及要点

**❶ 素材资源**

图片素材所在位置：学习资源\Ch12\素材\娱乐星闻网页\images。

文字素材所在位置：学习资源\Ch12\素材\娱乐星闻网页\text.txt。

**❷ 作品参考**

设计作品参考效果文件所在位置：学习资源\Ch12\效果\娱乐星闻网页\index.html。网页效果如图12-2所示。

**❸ 制作要点**

使用"Table"按钮插入表格布局网页；使用"属性"面板设置单元格的大小；使用输入文字制作网页导航效果；使用"CSS设计器"面板改变单元格背景图像，文字的大小、颜色和行距。

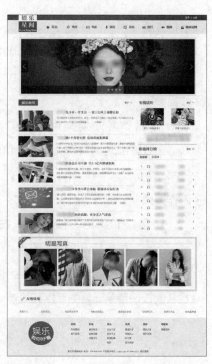

图12-2

# 课堂练习2——综艺频道网页

## 练习2.1　项目背景及要求

### ❶ 客户名称

休闲时光娱乐有限公司。

### ❷ 客户需求

休闲时光娱乐有限公司为打造国内前沿的休闲娱乐专业网站，现推出全新的综艺频道网页，要求在设计时突出综艺频道网页的特色，以轻松、愉悦为主题，展现出具有时代感的设计风格。

### ❸ 设计要求

（1）围绕网站特色，使轻松、愉悦的主题在网页上充分体现。

（2）页面简洁，分类明确、细致，便于用户浏览和搜索。

（3）网页的主题颜色以黑、白、灰搭配设计，增强网页质感。

（4）设计风格具有时代感，独特而新颖。

（5）设计规格为1400像素（宽）×1710像素（高）。

## 练习2.2　项目素材及要点

### ❶ 素材资源

图片素材所在位置：学习资源\Ch12\素材\综艺频道网页\images。

文字素材所在位置：学习资源\Ch12\素材\综艺频道网页\text.txt。

### ❷ 作品参考

设计作品参考效果文件所在位置：学习资源\Ch12\效果\综艺频道网页\index.html。网页效果如图12-3所示。

### ❸ 制作要点

使用"页面属性"命令设置页面文字的字体、大小、颜色和页面边距；使用"Image"按钮插入图像；使用"CSS设计器"面板设置图像与文字的对齐方式，文字的大小、颜色和行距；使用"属性"面板设置单元格的宽度和高度。

图12-3

# 课后习题1——时尚潮流网页

## 习题1.1　项目背景及要求

**❶ 客户名称**

爱漂亮网站。

**❷ 客户需求**

爱漂亮网站为打造前沿的专业时尚网站，在秋季来临之际特推出全新的时尚潮流网页，网页内容包括时尚、美容、生活、优购、互动等栏目，要求在设计时突出时尚、潮流的特色，以时尚、现代为网页主题，表现出具有时代感的设计风格。

**❸ 设计要求**

（1）浅蓝绿色与人物相结合，给人清新、现代的感觉。

（2）页尾采用深蓝绿色，成熟稳重，增强页面的平衡感。

（3）整体页面简洁，分类明确细致，便于用户浏览和搜索。

（4）照片和文字的运用具有时代感，与宣传的主题相呼应。

（5）设计规格为1400像素（宽）×1870像素（高）。

## 习题1.2　项目素材及要点

**❶ 素材资源**

图片素材所在位置：学习资源\Ch12\素材\时尚潮流网页\images。

文字素材所在位置：学习资源\Ch12\素材\时尚潮流网页\text.txt。

**❷ 作品参考**

设计作品参考效果文件所在位置：学习资源\Ch12\效果\时尚潮流
网页\index.html。网页效果如图12-4所示。

**❸ 制作要点**

使用"页面属性"命令设置页面文字的字体、大小、颜色
和页面边距，使用"属性"面板设置单元格背景颜色、宽度和高
度，使用"CSS设计器"面板设置文字的颜色、大小和行距。

图12-4

## 课后习题2——欢乐农场网页

### 习题2.1　项目背景及要求

**❶ 客户名称**

奥星特游戏网。

**❷ 客户需求**

奥星特游戏网是网络游戏门户网站，在这里可以获得专业的游戏新闻资讯、完善的游戏攻略、游戏论坛和测试账号等。现欢快农场推出家园版，需要重新设计网站首页，网页的设计要符合游戏特色，能够体现出游戏的特点和魅力。

**❸ 设计要求**

（1）使用游戏元素进行设计，体现出游戏特色。

（2）网页的内容丰富多样，分类细致、明确，能够吸引用户浏览。

（3）网页的色彩丰富，能吸引用户的注意力。

（4）整体画面生动、可爱，风格明确。

（5）设计规格为1400像素（宽）×1200像素（高）。

### 习题2.2　项目素材及要点

**❶ 素材资源**

图片素材所在位置：学习资源\Ch12\素材\欢乐农场网页\images。

文字素材所在位置：学习资源\Ch12\素材\欢乐农场网页\text.txt。

**❷ 作品参考**

设计作品参考效果文件所在位置：学习资源\Ch12\效果\欢乐农场网页\index.html。网页效果如图12-5所示。

**❸ 制作要点**

使用"页面属性"命令设置页面文字的字体、大小、颜色和页面边距；使用"Image"按钮插入图像；使用"CSS设计器"面板设置单元格背景图像，文字颜色、大小和行距；使用"属性"面板设置单元格的宽度和高度。

图12-5

# 12.2　休闲网页——户外运动网页

## 12.2.1 项目背景及要求

**❶ 客户名称**

WAM享运户外俱乐部。

**❷ 客户需求**

　　WAM享运户外俱乐部是一个大型的户外运动俱乐部，开展极限运动、自行车、摩托车、汽车、攀登、滑雪、水上运动、探险等项目。现为提高其知名度，需要制作网站，要求网站首页围绕户外运动这一主题，表现出拥抱自然，挑战自我的运动精神与魅力。

**❸ 设计要求**

（1）网页背景使用运动场地拍摄的照片，突出网页宣传的主题和经营理念。

（2）运用大量运动图片，让人一目了然，印象深刻。

（3）网页内容简洁直观，便于浏览，能够达到宣传效果。

（4）以图片宣传为主，文字介绍为辅，利于宣传。

（5）设计规格为1600像素（宽）×1710像素（高）。

## 12.2.2 项目素材及要点

**❶ 素材资源**

图片素材所在位置：学习资源\Ch12\素材\户外运动网页\images。

文字素材所在位置：学习资源\Ch12\素材\户外运动网页\text.txt。

**❷ 作品参考**

设计作品参考效果文件所在位置：学习资源\Ch12\效果\户外运动网页\index.html。网页效果如图12-6所示。

**❸ 制作要点**

　　使用"Table"按钮插入表格布局网页；使用"Image"按钮插入图像；使用"CSS设计器"面板设置表格、单元格的背景图像、边线效果，以及文字的大小、颜色和行距；使用"属性"面板设置单元格的高度。

图12-6

# 课堂练习1——瑜伽休闲网页

## 练习1.1　项目背景及要求

**❶ 客户名称**

健身瑜伽馆。

**❷ 客户需求**

健身瑜伽馆是一家设施齐全、教学项目全面并且配有专业教练进行指导教学的专业瑜伽馆。瑜伽馆具有温馨的氛围，可以使用户的身心得到很好的放松。目前瑜伽馆为提高知名度，需要制作瑜伽休闲网页，要求能够达到宣传效果。

**❸ 设计要求**

（1）以照片宣传为主，突出网页的特色。

（2）网页的色彩以粉红色为主，让人感到休闲、放松。

（3）图形运用适宜，突出宣传的主题，达到宣传的目的。

（4）整体画面搭配合理，舒适、简洁，能拉近与用户的距离。

（5）设计规格为1600像素（宽）×2126像素（高）。

## 练习1.2　项目素材及要点

**❶ 素材资源**

图片素材所在位置：学习资源\Ch12\素材\瑜伽休闲网页\images。

文字素材所在位置：学习资源\Ch12\素材\瑜伽休闲网页\text.txt。

**❷ 作品参考**

设计作品参考效果文件所在位置：学习资源\Ch12\效果\瑜伽休闲网页\index.html。网页效果如图12-7所示。

**❸ 制作要点**

使用"页面属性"命令改变页面文字的字体、大小和页面边距效果；使用"属性"面板改变单元格的高度和宽度；使用"CSS设计器"面板制作单元格背景图像效果。

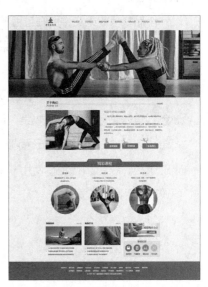

图12-7

# 课堂练习2——休闲生活网页

## 练习2.1　项目背景及要求

### ❶ 客户名称

休闲生活网站。

### ❷ 客户需求

休闲生活网站是一个提倡轻生活的概念网站。休闲生活讲究的是放慢脚步，放松自己。客户目前希望以休闲生活为主题制作网页，要求网页内容明确，设计时要抓住重点。

### ❸ 设计要求

（1）网页以休闲生活为主题。

（2）网页要时尚、简洁、大方，体现轻生活的特点。

（3）网页图文搭配合理，符合大众审美。

（4）网页以浅色调为主，体现出休闲生活轻松、舒适的氛围。

（5）设计规格为1400像素（宽）×1570像素（高）。

## 练习2.2　项目素材及要点

### ❶ 素材资源

图片素材所在位置：学习资源\Ch12\素材\休闲生活网页\images。

文字素材所在位置：学习资源\Ch12\素材\休闲生活网页\text.txt。

### ❷ 作品参考

设计作品参考效果文件所在位置：学习资源\Ch12\效果\休闲生活网页\index.html。网页效果如图12-8所示。

### ❸ 制作要点

使用"页面属性"命令改变页面文本的字体、大小、颜色，背景颜色和页边距效果；使用"Image"按钮插入图像；使用"CSS设计器"面板设置单元格背景图像，文本的大小、颜色和行距；使用"属性"面板改变单元格的背景颜色、高度和宽度。

图12-8

# 课后习题1——滑雪运动网页

## 习题1.1　项目背景及要求

**❶ 客户名称**

拉拉滑雪场。

**❷ 客户需求**

拉拉滑雪场是一家大型的专业滑雪场，现有高山滑雪场地、自由式滑雪场地、跳台滑雪场地、越野滑雪场地和冬季两项滑雪场地等，形成了初、中、高级雪道相结合的滑雪场地。目前滑雪场为提高知名度，需要制作滑雪运动网页，要求网页围绕滑雪这一主题，表现滑雪运动的魅力。

**❸ 设计要求**

（1）使用大幅的滑雪运动照片突出网页宣传的主体。

（2）点缀暖色调，起到丰富页面的作用，增添画面的活泼感。

（3）页面规整，内容直观，让人一目了然，印象深刻。

（4）导航栏要直观、简洁，便于浏览和操作。

（5）设计规格为1400像素（宽）×1450像素（高）。

## 习题1.2　项目素材及要点

**❶ 素材资源**

图片素材所在位置：学习资源\Ch12\素材\滑雪运动网页\images。

文字素材所在位置：学习资源\Ch12\素材\滑雪运动网页\text.txt。

**❷ 作品参考**

设计作品参考效果文件所在位置：学习资源\Ch12\效果\滑雪运动网页\index.html。网页效果如图12-9所示。

**❸ 制作要点**

使用"Table"按钮插入表格布局网页；使用"CSS设计器"面板设置表格、单元格的背景图像效果，以及文字的颜色、大小和字体；使用"属性"面板设置单元格的高度。

图12-9

# 课后习题2——旅游度假网页

## 习题2.1 项目背景及要求

**❶ 客户名称**

旅游度假村。

**❷ 客户需求**

旅游度假村是一家专业提供旅游信息的公司，有官方旅游网站，侧重旅游市场及宣传，向广大用户提供旅游相关信息资讯、产品等。公司现新建旅游度假网页来发布各种旅游信息、旅游线路供用户选择，这样不仅为用户提供了服务，而且推广了公司，让更多用户了解公司的业务范围。

**❸ 设计要求**

（1）网页设计风格具有旅游特色。

（2）网页的色彩使用浅色调进行设计，能让人感到宁静、舒适。

（3）淡雅的风格能够突出主题，达到宣传的目的。

（4）整体画面搭配合理，具有创意。

（5）设计规格为1400像素（宽）×1976像素（高）。

## 习题2.2 项目素材及要点

**❶ 素材资源**

图片素材所在位置：学习资源\Ch12\素材\旅游度假网页\images。

文字素材所在位置：学习资源\Ch12\素材\旅游度假网页\text.txt。

**❷ 作品参考**

设计作品参考效果文件所在位置：学习资源\Ch12\效果\旅游度假网页\index.html。网页效果如图12-10所示。

**❸ 制作要点**

使用"页面属性"命令改变页面文字的字体、大小、颜色，页面边距和页面标题；使用"Image"按钮插入装饰图像；使用"属性"面板改变单元格的高度、宽度、对齐方式及背景颜色；使用"CSS设计器"面板制作单元格背景图像，文字的颜色、大小及行距的显示效果。

图12-10

# 12.3　房产网页——短租房网页

## 12.3.1　项目背景及要求

**❶ 客户名称**

短租房公司。

**❷ 客户需求**

　　短租房公司是一家经营房屋短租业务的房地产中介公司。公司为迎合市场需求，扩大知名度，需要制作短租房网站，网站首页要求给人温馨、舒适之感，体现出简洁的特点。

**❸ 设计要求**

（1）网页要求温馨时尚，舒适大方。

（2）使用浅色背景，突出画面主体。

（3）围绕房屋短租的特色进行设计，分类明确、细致。

（4）整体风格沉稳、大气，体现出企业的文化内涵。

（5）设计规格为1400像素（宽）×2130像素（高）。

## 12.3.2　项目素材及要点

**❶ 素材资源**

图片素材所在位置：学习资源\Ch12\素材\短租房网页\images。

文字素材所在位置：学习资源\Ch12\素材\短租房网页\text.txt。

**❷ 作品参考**

设计作品参考效果文件所在位置：学习资源\Ch12\效果\短租房网页\index.html。网页效果如图12-11所示。

**❸ 制作要点**

　　使用"页面属性"命令设置页面文字的字体、大小、颜色，页面边距及页面标题；使用"Table"按钮插入表格，布局页面；使用"Image"按钮插入图像，添加网页标志和广告条；使用"CSS设计器"面板设置文字的颜色、大小及行距；使用"属性"面板设置单元格的宽度及高度。

图12-11

# 课堂练习1——租房网页

## 练习1.1 项目背景及要求

**❶ 客户名称**

焦点房产有限责任公司。

**❷ 客户需求**

焦点房产是一家经营房地产开发、物业管理、房屋租售等业务的房地产公司。公司为迎合市场需求，提高知名度，需要制作租房网站，网站首页要求给人温馨、舒适之感，并且要细致、精美，体现企业的高端品质。

**❸ 设计要求**

（1）网页干净利落，给人一种舒适感。

（2）画面色彩鲜艳，突出时尚与潮流的特点。

（3）页面内容全面，信息分类明确。

（4）整体风格富有情调，体现出页面的艺术美感。

（5）设计规格为1 400像素（宽）×2 336像素（高）。

## 练习1.2 项目素材及要点

**❶ 素材资源**

图片素材所在位置：学习资源\Ch12\素材\租房网页\images。

文字素材所在位置：学习资源\Ch12\素材\租房网页\text.txt。

**❷ 作品参考**

设计作品参考效果文件所在位置：学习资源\Ch12\效果\租房网页\index.html。网页效果如图12-12所示。

**❸ 制作要点**

使用"页面属性"命令设置页面文字的字体、大小、颜色，页面边距及页面标题；使用"Table"按钮插入表格，布局页面；使用"Image"按钮插入图像，添加网页标志和广告条；使用"CSS设计器"面板制作表格边线、单元格背景效果，设置文字的颜色、大小及行距；使用"属性"面板设置单元格的宽度及高度。

图12-12

# 课堂练习2——购房中心网页

## 练习2.1　项目背景及要求

**❶ 客户名称**

购房中心网。

**❷ 客户需求**

购房中心网是经营房地产开发、物业管理、城市商品住宅和商品房销售等多元化业务的公司。现公司网首页需要更新，要求简洁大方、设计精美，体现企业的高端品质。

**❸ 设计要求**

（1）网页要时尚大方，制作精美。

（2）网页背景为浅灰色，运用淡雅的风格和简洁的画面展现企业的品质。

（3）网页设计围绕房产的特色进行设计搭配，分类明确、细致。

（4）整体风格沉稳、大气，体现出企业的文化内涵。

（5）设计规格为1400像素（宽）×2000像素（高）。

## 练习2.2　项目素材及要点

**❶ 素材资源**

图片素材所在位置：学习资源\Ch12\素材\购房中心网页\images。

文字素材所在位置：学习资源\Ch12\素材\购房中心网页\text.txt。

**❷ 作品参考**

设计作品参考效果文件所在位置：学习资源\Ch12\效果\购房中心网页\index.html。网页效果如图12-13所示。

**❸ 制作要点**

使用"Table"按钮插入表格，进行页面布局；使用"Image"按钮插入图像；使用"CSS设计器"面板制作导航条，设置单元格的背景图像和文字的颜色、大小及行距。

图12-13

# 课后习题1——热门房产网页

## 习题1.1　项目背景及要求

**❶ 客户名称**

热门房产网。

**❷ 客户需求**

热门房产网是一个提供热门的房产交易信息、房屋装修信息和房产百科信息的资讯网站。现要为网站制作首页，要求简洁、大方，能体现企业的勃勃生机。

**❸ 设计要求**

（1）网页简洁、大气，给人生机勃勃的印象。

（2）网页运用规整的画面，展现企业严谨的工作态度。

（3）围绕房产的特色进行设计，分类明确、细致。

（4）要求融入一些楼盘评测信息，展现企业的文化内涵。

（5）设计规格为1400像素（宽）×1616像素（高）。

## 习题1.2　项目素材及要点

**❶ 素材资源**

图片素材所在位置：学习资源\Ch12\素材\热门房产网页\images。

文字素材所在位置：学习资源\Ch12\素材\热门房产网页\text.txt。

**❷ 作品参考**

设计作品参考效果文件所在位置：学习资源\Ch12\效果\热门房产网页\index.html。网页效果如图12-14所示。

**❸ 制作要点**

使用"Table"按钮插入表格，进行页面布局；使用"Image"按钮插入图像；使用"ID"标记创建ID链接；使用"CSS设计器"面板设置单元格的背景图像和文字的颜色、大小。

图12-14

# 课后习题2——二手房网页

## 习题2.1　项目背景及要求

### ❶ 客户名称

二手房买卖网。

### ❷ 客户需求

　　二手房买卖网专为广大网友提供全面、及时的房地产新闻资讯，为楼盘提供齐全的信息及业主论坛，是房地产媒体及业内外网友公认的专业网站和房地产信息库。现网站要进行首页改版，要求能体现行业特色。

### ❸ 设计要求

（1）网页内容丰富，体现信息的多样化。

（2）由于网页的内容多样，要求排版美观、合理。

（3）色彩搭配干净、清爽，能够很好地衬托网站主体内容。

（4）图文摆放合理，使整个页面看起来整齐有序。

（5）设计规格为1400像素（宽）×1470像素（高）。

## 习题2.2　项目素材及要点

### ❶ 素材资源

图片素材所在位置：学习资源\Ch12\素材\二手房网页\images。

文字素材所在位置：学习资源\Ch12\素材\二手房网页\text.txt。

### ❷ 作品参考

设计作品参考效果文件所在位置：学习资源\Ch12\效果\二手房网页\index.html。网页效果如图12-15所示。

### ❸ 制作要点

　　使用"页面属性"命令设置页面文字的字体、大小、颜色，页面边距和页面标题；使用"Image"按钮插入装饰性图片；使用"属性"面板设置单元格高度和对齐方式；使用"CSS设计器"面板设置单元格的背景图像和文字大小、颜色及行距。

图12-15

# 12.4 电子商务——网络营销网页

## 12.4.1 项目背景及要求

**❶ 客户名称**

网络营销专家网。

**❷ 客户需求**

网络营销专家网是集系统营销、线上推广、多样传播于一体，实现品牌与顾客之间精准沟通的网站，为了提高网站知名度，需要重新设计网站首页，要求内容分类明确、主体突出。

**❸ 设计要求**

（1）页面设计结构明确，布局清晰。

（2）网页图文搭配合理，页面信息明确。

（3）网页内容分类明确、细致，便于浏览。

（4）色彩搭配恰当，符合行业特点。

（5）设计规格为1400像素（宽）×1310像素（高）。

## 12.4.2 项目素材及要点

**❶ 素材资源**

图片素材所在位置：学习资源\Ch12\素材\网络营销网页\images。

文字素材所在位置：学习资源\Ch12\素材\网络营销网页\text.txt。

**❷ 作品参考**

设计作品参考效果文件所在位置：学习资源\Ch12\效果\网络营销网页\index.html。网页效果如图12-16所示。

**❸ 制作要点**

使用"页面属性"命令设置页面文字的字体、大小、颜色，页面边距及页面标题；使用"Image"按钮制作网页Logo和导航条；使用"属性"面板设置单元格的宽度、高度及对齐方式；使用"CSS设计器"面板设置文字的大小、颜色及行距。

图12-16

# 课堂练习1——家政无忧网页

## 练习1.1　项目背景及要求

**❶ 客户名称**

家政无忧服务有限公司。

**❷ 客户需求**

家政无忧服务有限公司是一家以日常保洁、家电清洗、干洗服务、新居开荒为主要经营项目的专业家政服务公司。公司为扩大服务范围，使服务更便捷，需要制作网站首页，网页要突出公司的优势，整体风格简洁、大气。

**❸ 设计要求**

（1）网页整体风格简洁大气，突出家政服务的专业性。

（2）网页的内容以家居为主，画面和谐，具有特色。

（3）向客户传达真实的服务信息内容。

（4）画面体现出空间感与层次感，图文搭配协调。

（5）设计规格为1400像素（宽）×2084像素（高）。

## 练习1.2　项目素材及要点

**❶ 素材资源**

图片素材所在位置：学习资源\Ch12\素材\家政无忧网页\images。

文字素材所在位置：学习资源\Ch12\素材\家政无忧网页\text.txt。

**❷ 作品参考**

设计作品参考效果文件所在位置：学习资源\Ch12\效果\家政无忧网页\index.html。网页效果如图12-17所示。

**❸ 制作要点**

使用"页面属性"命令设置页面文字的字体、大小，页面边距及页面标题；使用"Image"按钮为网页添加Logo和广告图片；使用"Table"按钮插入表格，进行页面布局；使用"CSS设计器"面板设置单元格的边框、背景图像及文字的大小、颜色、行距。

图12-17

# 课堂练习2——电子购物平台网页

## 练习2.1 项目背景及要求

**❶ 客户名称**

大山网站。

**❷ 客户需求**

大山网站是一家专业的综合网上购物平台,销售商品覆盖居家生活、服饰鞋包、美食酒水、个护清洁、数码家电等多个品类,为顾客提供了齐全的商品信息。现平台要进行升级,需要重新设计网站首页,要求信息齐全,符合行业特色及流行趋势。

**❸ 设计要求**

(1)网页内容丰富,体现出产品的多样性。

(2)网页图文搭配合理,页面清晰、简洁。

(3)画面色调使用浅色系,突出商品信息。

(4)产品信息全面,向客户传达真实且全面的内容。

(5)设计规格为1300像素(宽)×1960像素(高)。

## 练习2.2 项目素材及要点

**❶ 素材资源**

图片素材所在位置:学习资源\Ch12\素材\电子购物平台网页\images。

文字素材所在位置:学习资源\Ch12\素材\电子购物平台网页\text.txt。

**❷ 作品参考**

设计作品参考效果文件所在位置:学习资源\Ch12\效果\电子购物平台网页\index.html。网页效果如图12-18所示。

**❸ 制作要点**

使用"Table"按钮插入表格,进行页面布局;使用"页面属性"命令控制页面文字的字体、大小和颜色;使用"CSS设计器"面板设置单元格的背景图像、文字大小和行距。

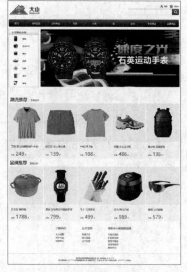

图12-18

# 课后习题1——时尚风潮网页

## 习题1.1　项目背景及要求

**❶ 客户名称**

时尚风潮旗舰店。

**❷ 客户需求**

时尚风潮旗舰店为广大男性顾客提供各类服装，款式多样，品质有保证，拥有良好的口碑。随着公司的发展，需要为店铺制作网站首页，要求主题明确。

**❸ 设计要求**

（1）网页背景以人物照片为主。

（2）网页简洁，信息排列合理、恰当。

（3）网页使用浅色背景，突出画面主题。

（4）整体风格时尚、大气，表现男装的时尚感。

（5）设计规格为1350像素（宽）×2000像素（高）。

## 习题1.2　项目素材及要点

**❶ 素材资源**

图片素材所在位置：学习资源\Ch12\素材\时尚风潮网页\images。

文字素材所在位置：学习资源\Ch12\素材\时尚风潮网页\text.txt。

**❷ 作品参考**

设计作品参考效果文件所在位置：学习资源\Ch12\效果\时尚风潮网页\index.html。网页效果如图12-19所示。

**❸ 制作要点**

使用"页面属性"命令设置页面背景颜色及边距；使用输入代码的方式设置图片与文本的对齐方式；使用"CSS设计器"面板设置文本大小、行距及表格边框效果。

图12-19

# 课后习题2——电子商情网页

## 习题2.1 项目背景及要求

### ❶ 客户名称

电子商情网。

### ❷ 客户需求

电子商情网是一个汇集供应信息、求购信息、技术资料信息、求职信息、招聘信息等的服务网站。网站为了符合市场需求，需要进行首页改版，要求信息分类明确，页面精致、美观。

### ❸ 设计要求

（1）网页简洁大方，主题明确。

（2）网页的文字安排合理，分类明确、细致，便于用户浏览和搜索。

（3）网页色彩使用红色，让人印象深刻。

（4）整体风格能够体现科技感。

（5）设计规格为1400像素（宽）×2275像素（高）。

## 习题2.2 项目素材及要点

### ❶ 素材资源

图片素材所在位置：学习资源\Ch12\素材\电子商情网页\images。

文字素材所在位置：学习资源\Ch12\素材\电子商情网页\text.txt。

### ❷ 作品参考

设计作品参考效果文件所在位置：学习资源\Ch12\效果\电子商情网页\index.html。网页效果如图12-20所示。

### ❸ 制作要点

使用"页面属性"命令设置页面文字大小、背景颜色和页面边距；使用"Table"按钮插入表格；使用"Image"按钮插入图像；使用"CSS设计器"面板设置文字的颜色及大小。

图12-20